教育部人文社会科学重点研究基地
山西大学“科学技术哲学研究中心”基金
山西省优势重点学科基金
资 助

山西大学
科学史理论丛书
魏屹东 主编

A Research of Cohen's
Thoughts and Methods on the
Historiography of Science

科恩的科学编史思想与方法研究

苏玉娟/著

科学出版社
北 京

图书在版编目（CIP）数据

科恩的科学编史思想与方法研究／苏玉娟著.—北京：科学出版社，2016.4

（科学史理论丛书/魏屹东主编）

ISBN 978-7-03-047591-6

Ⅰ.①科…　Ⅱ.①苏…　Ⅲ.①科学史学-研究　Ⅳ.①N09

中国版本图书馆 CIP 数据核字（2016）第 046584 号

丛书策划：侯俊琳　牛　玲

责任编辑：牛　玲　刘　溪　张翠霞／责任校对：何艳萍

责任印制：赵　博／封面设计：无极书装

编辑部电话：010-64035853

E-mail:houjunlin@mail. sciencep.com

科学出版社出版

北京东黄城根北街 16 号

邮政编码：100717

http://www.sciencep.com

北京科印技术咨询服务有限公司数码印刷分部印刷

科学出版社发行　各地新华书店经销

*

2016 年 4 月第　一　版　开本：720×1000　1/16

2025 年 2 月第四次印刷　印张：13　3/4

字数：256 000

定价：68.00 元

丛书序

科学史理论即科学编史学，是关于如何写科学史的理论。编史学的语境化是近十几来科学史理论研究的一种新趋向，其根源可以追溯到科学史大师萨顿、柯瓦雷、科恩和迈尔，他们均是科学史界最高奖——萨顿奖得主。

科学史学科创始人之一、著名科学史学家萨顿把科学史视为弥合科学文化与人文文化鸿沟的桥梁，强调这是科学人性化的唯一有效途径，极力主张科学人文主义，倡导科学与人文的协调发展。柯瓦雷将科学作为一项理性事业，将社会知识看作科学思想的直接来源，坚持内史与外史的结合，以展示人类不同思想体系的相互碰撞与交叉的复杂性与生动性。科恩作为萨顿的学生、柯瓦雷的研究牛顿《自然哲学的数学原理》的合作者，其科学编史思想既体现了他对萨顿、柯瓦雷等科学史学家研究方法的继承与发展，又体现了他独有的综合编目引证法、四判据证据法和语境整合法。他主张运用语境论的编史学方法将科学人物、科学事件与社会和科学史教育相结合，将科学进步、科学革命和科学史相统一。迈尔是国际学术界公认的鸟类学、系统分类学、进化生物学权威，以及综合进化论理论的创立者之一，同时也是卓越的生物学哲学家和生物学史学家。他的科学史研究重心发生的由医学向鸟类学、由鸟类学向进化论、由进化论向生物学史及生物学哲学的转向，体现了他的科学编史学方法上的自然史与生物学史的结合、历史主义与现实主义的结合。《20世纪科学发展态势计量分析》——基于《自然》（*Nature*）和《科学》（*Science*）杂志内容计量分析，直接或者间接地反映和证明了他们的编史学思想和方法。

语境论从整体关联的语境出发，以包括人在内的历史事件为概念模型，通过对事件和人物做历史分析和行为分析动态地审视科学的发展史，由此形成的编史原则和方法，我称之为“语境论的科学编史纲领方法论”。这种方法论把内史与外史（自然科学史与社会史）相结合、伟人（人物）与时代精神（社会文化）相结合、现实主义与历史主义相结合，构成了科学编史纲领方法论的核心。

语境论的编史学的方法论核心之一是在科学史的内史与外史之间保持张力。所谓内史是对一个学科的年代进步的主要自包含说明，也即从内部写的历史。它描述一个学科的理论、方法和数据，以及描述通过已接受的、理性的科学方法和逻辑解决被认为清晰可辨的问题是如何进步的。内史通常是由一个学科中知识渊博的但没有受过专门历史训练的科学家写成的。例如，物理学史通常是由物理学家自己写成的，而非历史学家写成的。因此，内史倾向独立于更广阔的智力和社会语境，也倾向为这个领域、其实践和大人物（大科学家）辩护，并使之合法化。它也因此被认为缺乏“历史味”。

比较而言，外史始于这样的假设，即科学不是独立于它的文化的、政治的、经济的、智力的和社会的语境而发展的。因此，外史通常是由一个学科之外的具有科学素养的职业史学家写成的。有些人持中立立场，有些人则质疑基本的学科假设、实践和原则。事实上，许多史学家是从相反的概念方向写起的。的确，在当代的科学史研究中，一个明显的事实是：外史多是由非“科班”的学者写成的。在这个意义上，难怪有人说外史缺乏“科学味”。

语境论的编史学的方法论核心之二是在伟人与时代精神之间保持张力。伟人史强调某特殊人物（科学家），如牛顿、爱因斯坦，对一个学科发展的贡献。诺贝尔科学奖即是对伟人史的一种强化手段。这种历史过分强调个人的作用，忽视了集体的合作性。其实个人有时只起到表面的主导作用，大量的事实可能被掩盖了。伟人史对于思想或观念史是不够的。尽管伟人史可能是一种直接描述的行为，但是它假设的成分更多。比如，它通常假设科学发展的一个“人格主义的”理论或解释。这种理论假定：伟人对于科学进步是必然的，也是科学进步的自由的、独立的主体。这种历史的实质通常是内在主义的，强调个人的理性和创造性，强调个人在促进科学和提升个人职业方面主动的、有意图的成功。

相比而言，时代精神史则强调文化的、政治的、经济的、智力的、社会的和个人的条件在科学发展中的作用。它更是社会语境中的思想史或者观念史，但是它也可能过分综合化。例如，我国科学家屠呦呦获得 2015 年诺贝尔生理学或医学奖被质疑为是集体成果的个体化。按照时代精神史，应该奖励给集体而非个人，但是诺贝尔奖只奖励个人，这就产生了个人与集体之间的冲突、西方时代精神与东方时代精神的对立。又如，所有形式的行为主义的社会控制目标被认为是同一个有凝聚力的实体和方向。与伟人史一样，时代精神史也假设一个解释性理论，即这些条件如何说明科学的发展，这被称为“自然主义理论”。根据这种观点，伟人对科学进步负责的表现是一种幻想，因为其他人或许对此也有贡献，时代精神也许起更大的作用。与外史一样，时代精神史也具有语境论的精神和气质，比起伟人史更全面、更综合。

编史学的方法论核心之三是在现实主义与历史主义之间保持张力。所谓现实主义历史，就是选择、解释和评价过去的发现、概念的发展、作为科学先知的伟人等，即好像本来就该如此那般的“胜利”传统。它在很大程度上是在当下接受的和流行的观点的语境中写出的令人安慰和感觉舒服的历史。它同时也承担建立传统和吸引拥护者的教育学功能。也就是说，现实主义历史是一部“英雄史”和“赞扬史”。这样一来，科学史对于它的现实意义、对于理性化与合法化实现是重要的，因为科学的进步是不断逼近真理的，直指今日的目的论的“正确”观点。同样重要的是，现实主义历史不仅证明和赞扬“胜利”传统，而且它也中伤被认为是失去的传统。或者说，选择性地解释过去的历史作为现实的确证，使它陷入一种特殊观点，这同样也是现实主义的。比如，20 世纪 70 年代的认知革命被认为是正确的，而它之前的逻辑实证主义和行为主义则被认为是错误的。随着逻辑实证主义的衰落，行为主义也随之衰落，或者说，行为主义的终止被认为是逻辑实证主义方法衰落的证据。

相比之下，历史主义把科学发现、概念变化、历史人物看作是在它们自己时代和地域的语境中被理解的事件，而不是在当下语境中被理解的事件。这就是说，编史学关注的是过去发生事件在它们的时代和地域中的功能或意义，而不是它们在当下实现中解释的意义。这是一种令人瞩目的语境论视角，因为语境论的根隐喻就是“历史事件”。历史主义方法论在囊括材料和历史偶然性过程中有更多消耗且更缺乏选择。它不因与当下潮流不一致而拒绝或者不拒绝先前的工作。它也少有关于什么与实现历史的相关或不相关的假设。在这个意义上，历史主义历史与实现主义历史相对立，因为它与实现主义对一个学科的创立与特点的说明不一致。它认同和修正在学科史中某人物或事件被称为“原始神秘”的东西，而人物和事件是现实主义通常涉及的。科学编史学既需要现实主义，也需要历史主义；既要解释过去，也要说明现在。因为说明过去总是立足于现在，而说明现在要从过去做起。因此，科学史需要在现实主义与历史主义之间保持一种张力。

需要特别说明的是，科学史作为一门严格的学术领域，引起了人们对历史方法论的发展和对科学历史的审查的兴趣。科学编史学者应该审查：预防先前错误的重复发生，那些错误严重影响了一个学科的进步；检查一个学科过去和未来的发展轨迹；使社会－文化基质（语境）成为聚焦点，在这个语境中，实践者操作、促进当下困境的解决。语境论科学编史学强调“语境中的行为”，这对于科学史学家分析科学家的行为有极大帮助，因为说到底，科学史是一代代众多科学家行为的积累产物，对他们的行为进行分析是科学史特别是思想史研究的关键。

总之，就其本意而言，科学史就是研究科学发展的历史，它包括两个方面：一方面是科学自身的发展史，也就是所谓的“内史”；另一方面是科学与社会的互动史，也就是所谓的“外史”或者社会史。内史也好，外史也罢，它们都离不开“历史事件”和其中展开它的人物。也就是说，科学史就其本质来说，是探讨历史上“科学事件”是如何发生和发展的，由谁发生和推动的。因此，研究科学史，“历史事件”和人物（科学家）是两个核心因素，而“历史事件”是语境论的根隐喻，它是一种概念模型。因此，对“历史事件”及其推动它的人物的行为进行分析也就是一种基于概念的历史分析。这种历史分析必然是一种语境分析。这就是为什么一些科学史学家将语境论与科学史研究相结合的根本原因所在。

《科学史理论丛书》选择三位有明显语境论倾向的科学史大师柯瓦雷、科恩和迈尔进行研究，并通过对自然科学中最具权威性的杂志 *Nature* 和 *Science* 做内容计量分析来验证，旨在揭示科学发展中个人行为与集体行为之间的对立统一规律。

魏屹东
2015 年 10 月 9 日

前 言

科学史学科的发展经历了内史、外史和综合史三个阶段。近年来，科学史的综合史研究成为重要趋势。I. 伯纳德·科恩（I. Bernard Cohen）作为综合史大师，在科学史中占据重要地位。科恩的综合史研究特征表现在：研究主题的综合性、研究思想的综合性、研究方法的语境性。近年来，对科恩的研究呈现逐步升温的趋向。他编写综合史的方法对我们进一步完善科学编史的方法具有重要的方法论意义。笔者在发掘、搜集、整理和分析科恩相关文献的基础上，运用语境分析方法，将科恩放入广义的认知、科学、社会、历史语境中，研究科恩的编史思想与方法。

对科恩科学编史的研究，有以下四方面的意义。从研究内容看，研究科恩的科学编史思想对扩展我国科学史研究内容具有重要的借鉴意义。目前，我国科学史研究正在从内史向外史和综合史转变。而科恩从广义的历史、认知、科学、社会中研究科学史，对促进我国科学史研究内容的扩展具有重要意义。从研究方法看，科恩的语境论科学编史学思想对促进我国科学史研究方法的创新具有重要指导意义。语境论科学编史学方法比较客观、全面地反映了科学发展过程中科学与认知因素、社会因素、历史因素的互动关系，实现了对科学研究的立体化。从提高科学史研究者素质来看，科恩严谨的科学史研究风格也是广大学者学习的榜样。通过对科恩的著作、论文、书评的研究，可以看出科学史这个学科的语境性特征，而它本身发展的语境性，要求研究者具有自然科学和人文社会科学方面的知识和严谨的科学态度，以及掌握多种语言等方面的能力。从学科发展看，科恩研究的思想与方法体现了科学哲学与科学史交叉融合的趋向。科恩所运用的语境方法正是来源于科学哲学。总之，通过对科恩的科学编史思想的研究使我们看到了科学史研究的综合性、复杂性，为科学史研究者提出了更高的要求。

本书研究了科恩科学编史的思想渊源、主题特征、内容、方法及其思想与方法的影响。第一章为导论，主要研究了科恩的论著和书评的情况，交代了本书的主要创新点。第二章阐述了科恩科学编史学思想的背景。作为20世纪科学史巨匠、萨顿的学生、柯瓦雷研究牛顿《自然哲学的数学原理》的合作者，科恩的科学编史思想受到科学家、科学史学家及科学史发展水平的影响。第三章分析了科恩科学史研究的基础。科恩的科学史研究主要涉及四个方面：人物研究、科学与社会研究、科学史教育、《爱西斯》(*Isis*)刊物的编辑工作等。第四章阐释了科恩科学编史思想的内容，主要从科恩的科学进步观、科学革命观和科学史三个方面进行阐释。第五章剖析了科恩科学编史方法。一方面科恩的科学编史学方法体现了对萨顿、柯瓦雷等科学史学家研究方法的继承与改造。另一方面，体现了他独有的综合编目引证法、四判据法和语境整合法。第六章探析了"科恩风格"的形成、影响以及"科恩风格"的革命性和适用性特征，主要通过定量与定性相结合的方式分析了科恩编史思想与方法对他的学生、同事、同行的影响。但是，"科恩风格"也存在一些问题，这需要在今后的研究中完善与发展。

总之，作为20世纪综合史大师，科恩的综合史研究主要是通过广义语境实现的。通过对科恩科学编史思想与方法的研究，使我们认识到21世纪综合科学史研究的重要途径就是语境方法的广泛运用，以及科学哲学对科学史的重要影响。

苏玉娟

2015年11月

目　录

第一章 导论

第一节 研究科恩的必要性与重要性

科恩（I. Bernard Cohen）是当代综合史大师。他在萨顿（George Sarton）①、柯瓦雷（d'Alexandre Koyré）②、库恩（Thomas S. Kuhn）③等的基础上，上承内史传统，下接外史研究。通过研究科恩的科学观、科学史观、科学史编史方法等内容，可以更深刻地认识科学史由内史到外史再到综合史的发展过程。研究科学史教育的价值、科学编史学方法，对进一步促进科学史发展具有重要的社会价值和学术价值。这一点已得到国内不少知名学者的认可。在实践上，我们可以借鉴科恩的科学史研究主题、思想和方法，促进我国科学与政治、科学与文化、科学史教育等方向的发展，这为我国实施"科教兴国"战略、"人才强国"战略提供了新的研究视角和方法，为促进我国科学的发展提供了史学基础。

---

① 萨顿（1884-1956），出生于比利时，科学史学家，1911年5月完成了《牛顿物理学原理》的博士学位论文，并获得博士学位。1912年他在比利时创立《爱西斯》（*Isis*）刊物，1913～1952年他担任 *Isis* 的主编。从1936年起，萨顿又主持出版了 *Isis* 的姊妹刊物《奥里西斯》（*Orisis*）——专门刊登长篇论文的专刊。1940年9月被任命为科学史教授。他的代表作是《科学史导论》（1927年），1955年萨顿奖首次授予萨顿。

② 柯瓦雷（1882-1964），法国人，在转入科学史之前，柯瓦雷是一位哲学家或哲学史家．但在科学史方面，柯瓦雷却享有不亚于乔治·萨顿的地位。柯瓦雷开创了科学思想史的先河，并将概念分析方法应用于科学史研究。他的科学史奠基之作为《伽利略研究》（1940年出版）。其他科学史著作还有《天文学革命》（1961年）、《牛顿研究》（1965年）、《从封闭的世界到无穷的宇宙》（1957年）等。他还是一位杰出的语言大师和翻译家．由于在科学史方面的杰出贡献，1961年柯瓦雷获得萨顿奖。

③ 库恩（1922-1996），美国人，1943年在哈佛大学获得物理学学士学位，1946年在哈佛大学获得物理学硕士学位，1949年在哈佛大学获得物理学博士学位．后转向科学史、科学哲学，代表性著作有《科学革命的结构》（1962年）、《必要的张力》（1978年）、《量子物理学史的源泉》（1978年）等。1982年库恩获得萨顿奖。

一、科恩的学术生涯与社会活动

作为著名的科学史学家，科恩曾学习兽医、数学、物理及科学史专业，学术成果涉及科学史专著、科学史论文、书评。作为《爱西斯》（*Isis*）期刊的编辑，科恩对 *Isis* 产生重要影响。作为科学教育活动家，科恩在科学史的组织活动中扮演重要的角色。

（一）科恩的学术经历与学术成就

科恩 1914 年出生于美国纽约市，15 岁毕业于哥伦比亚语言学校，他曾两度成为纽约大学的新生，时间都不长，后在福吉谷军事学院学习兽医学，1933 年进入哈佛大学求学，直到退休。在哈佛大学求学期间，科恩学习了数学、物理和化学课程。1937 年，科恩获得了数学方面的理学学士学位。哈佛大学 1936 年设立科学史的哲学博士学位，1937 年科恩成为萨顿仅有的两位博士之一。他选择攻读科学史博士，纯粹是出于兴趣。他曾说："我真正的兴趣是理论或数学物理化学而不是实验工作。"[①]科恩根据自己的兴趣进入科学史专业，并没有考虑工作和未来。当时哈佛大学在科学史方面只有三个职位，而且是满员的。1942 年，科恩开始在哈佛大学任教，是作为萨顿的助教，并没有成为哈佛大学的正式教员。第二次世界大战（简称二战）期间，他曾为海军讲授物理学和数学方面的知识。1946 年起，他为哈佛大学的本科生和研究生开设科学史课程。由于二战的原因，科恩 1947 年才获得科学史博士学位，并且是美国本土培养的第一位科学史博士。1947 年，他出版了博士论文《本杰明·富兰克林在电学方面的实验与观察》。博士毕业后，科恩正式成为哈佛大学科学史教学与研究人员。自 1948 年起，科恩开始带研究生，他的学生有伊斯兰哲学家纳斯尔（Seyyed Hosein Nasr）、巴克内尔大学教授韦尔布吕热（Martha Verbrugge）和狄博斯（Allen G. Debus）等。1959 年，科恩取得教授资格。科恩的第二个学术国家是英国，他曾作为访问学者访问过剑桥大学丘吉尔学院和剑桥大学。1966 年，在科恩的积极倡导下，哈佛大学建立了美国第一个科学史系。

20 世纪 40 ～ 50 年代，科恩研究了科学在战争中的作用、科学史教育的价值等问题，并对计算机科学产生兴趣，曾向 IBM 公司咨询了好多年，并于 1999 年出版了《艾肯：计算机的先驱》（*Howard Aiken: Portrait of a Computer*

---

① Cohen I B. A Harvard education. Isis，1984，75（1）：14.

Pioneer)。20 世纪 60 ～ 70 年代，科恩参加了哈佛大学关于科学与公共政治的研讨班，这使他对自然科学提供给社会科学和行为科学的模式和概念的方式产生兴趣，也促使他研究自然科学与社会科学的关系问题。1994 年，他出版了《相互作用：自然科学与社会科学》(*Interactions: Some Contacts Between the Natural Sciences and the Social Sciences*)。1995 年，他出版了《科学与开国元勋：杰斐逊、富兰克林、亚当斯与麦迪逊政治思想中的科学》(*Science and the Founding Fathers: Science in the Political Thought of Thomas Jefferson, Benjamin Franklin, John Adams, and James Madison*)。他最后一本书的手稿《数字的胜利：数字如何塑造现代生活》(*The Triumph of Numbers: How Counting Shaped Modern Life*)在他去世前一个星期邮给了出版社，并于 2005 年出版。

科恩担任哈佛大学研究生科学史课程计划主席达 20 年。由于在科学史方面的杰出成就，他 1974 年荣获科学史的最高奖——萨顿奖[①]。1977 年，他成为哈佛大学科学史系维克多 • 托马斯(Victor Thomas)教席的终身教授。他是哈佛大学肯尼迪政府学院科技政策项目的创始人之一。1986 年他因为《科学中的革命》(*Revolution in Science*)获得普利策图书奖[②]，1997 年获得了乔治 • 华盛顿大学的荣誉博士学位，1998 年获得哈佛大学艺术与科学研究生院百年奖章。他还曾获得布鲁克林理工学院、华盛顿大学、博罗尼亚大学名誉博士学位。

1984 年退休后，科恩仍在哈佛大学为大学生开设科学史课程及专题讨论，一直持续到 2000 年。他曾在布兰代斯大学担任科学史伯尔尼迪布纳主席，曾是波士顿大学哲学系兼职教授。他的学生和同事为纪念他在科学史方面的贡献，他的学生、同事埃弗里特 • 门德尔松(Everett Mendelsohn)主编了《科学中的传统与转变：纪念科恩》(*Transformation and Tradition in the Sciences: In Honor of I. Bernard Cohen*)这本书。科恩于 2003 年 6 月 20 日逝世于马萨诸塞州沃尔瑟姆(Waltham，Massachusetts)的家，享年 89 岁。

科恩作为 20 世纪著名的科学史学家，他的学术成就主要体现在他的著

---

① 萨顿奖(Sarton Prize)。1952 年，国际权威性数学史杂志《爱西斯》(*Isis*)和《奥塞力斯》(*Orisis*)的创刊人、科学史的主要奠基人萨顿退休时，为表彰他的杰出贡献，美国科学史学会决定设立萨顿科学史奖，并以奖章的形式颁发 . 萨顿奖章于 1955 年制成，正面中央刻有萨顿头像，头像上刻有萨顿的名字，下面刻有“*Isis*1912–*Orisis*1932”(两个科学史期刊及其创刊年代). 反面刻有古埃及司生育女神爱雪斯的全身坐像，围绕女神刻有“To Foster the Study of the History of Science”(促进科学史的发展)，女神像正前面刻有获奖人姓名及获奖年代 . 萨顿奖获得者必须是终生从事科学史事业并做出突出成就或对促进科学史发展做出巨大贡献的人 . 萨顿奖具有国际性，由美国科学史学会每年颁发一次，每次奖励一人，1955 年首次颁奖 .

② 普利策奖也称为普利策新闻奖 .1917 年根据美国报业巨头约瑟夫 • 普利策(Joseph Pulitzer)的遗愿设立，20 世纪 70 ～ 80 年代已经发展成为美国新闻界的一项最高荣誉奖，现在，不断完善的评选制度已使普利策奖成为全球性的一个奖项 .

作、论文和书评中。他是牛顿《自然哲学的数学原理》(*Philosophiae Naturalis Principia Mathematica*)英文版的权威编辑与注释者。他曾出版《新物理学的诞生》(*The Birth of a New Physics*)、《富兰克林与牛顿》(*Franklin and Newton*)、《本杰明·富兰克林的科学》(*Benjamin Franklin's Science*)、《相互作用:自然科学与社会科学》、《科学中的革命》、《科学与开国元勋:杰斐逊、富兰克林、亚当斯与麦迪逊政治思想中的科学》等。他的学术论文和书评主要发表在《爱西斯》(*Isis*)、《科学与教育》(*Science and Education*)、《科学》(*Science*)、《自然》(*Nature*)等十多种杂志上。

(二)作为 *Isis* 主编

Isis[①] 是美国科学史学会的会刊。1946 年对于 *Isis* 的发展是很重要的一年。因为这一年 *Isis* 的发展特别需要一位萨顿认可、能胜任 *Isis* 常务编辑的人,科恩成为首要人选。1947 ~ 1952 年科恩担任 *Isis* 常务编辑,协助萨顿工作。1953 年美国科学史学会主席布朗在 *Isis* 第 44 卷第 1 期发表声明,宣布接受萨顿辞去 *Isis* 主编的辞呈,由科恩领导的一个 *Isis* 编辑委员会负责 *Isis* 的编辑出版工作。编委成员分别负责科学史某一学科论文的审稿与组稿工作,改变了过去由萨顿一人负责的惯例。同时美国科学史学会还成立了一个顾问编辑委员会。在科恩的领导下,美国科学史学会与 *Isis* 的关系逐步从合作关系发展到从属关系。在此期间,还设立了萨顿奖,以鼓励和表彰为科学史发展和研究做出突出贡献的科学史学家。科恩 1953 ~ 1958 年在担任 *Isis* 第二任主编期间,出版了六卷(44 ~ 49 卷)、24 期(135 ~ 158 期)。萨顿与科恩合编重要文献目录 77 ~ 79 辑,科恩主编 80 ~ 85 辑。

(三)作为科学史教育活动家

科恩不仅是一位科学史学家,还是一位科学史教育活动家,他在组织科学史活动中扮演重要角色。科恩曾与艾登·萨伊力(Aydin Sayili)[②]、亨利·格拉克(Henry Huerlac)[③]、弗雷德里克·乔高(Frederick Kilgour)[④]负责接受来访哈佛大

---

① *Isis* 是由著名科学史家萨顿于 1912 年在比利时创办的,两次世界大战期间均未停刊,直至现在.它的内容丰富,既有论文,又有书评.每年出四期,还附全世界科学史论文的目录.

② 艾登·萨伊力(1913-1993),科学史家.他的职业生涯得益于穆斯塔法·凯末尔·阿塔土克(Mustafa Kemal Atatürk),在哈佛大学受到萨顿的指导.

③ 亨利·格拉克(1910-1985),是美国科学史学家.1941 年获得哈佛大学欧洲历史博士学位.1959 年获得拉瓦锡奖,1973 年获得萨顿奖,1982 年被法国授予荣誉军团骑士勋章.

④ 乔高(1914-2006),美国图书馆和 OCLC 的创办人兼主任,著名教育家,建立了国际计算机网络和数据库,改变了人们使用计算机的方式.1967 ~ 1980 年他是公司总裁和执行董事.1990 年他在教堂山分校的信息与科学学院图书馆北卡罗来纳大学担任名誉教授,2004 年退休.

学的科学史学家。科恩曾担任哈佛大学课程规划职务 20 年，并承担课程改造任务。此外他还担任过美国科学史和科学哲学协会主席（1961 ～ 1962 年）、国际科学史和科学哲学联合会第一任副会长（1961 ～ 1968 年）、会长（1968 ～ 1971 年），以及美国历史学会主席等职务。他曾是纽约科学委员会名誉成员，国家天文学会成员，国际科学史学术委员会成员，美国艺术、科学工作者委员会副主席，美国科学促进委员会副主席，纽约科学委员会名誉成员、国家天文学会成员、国际科学史学术委员会成员。他的社会活动促进了科学史的发展。1960 年设立的萨顿纪念讲座每年在美国科学促进联合年会上举行一次，讲演人是公认的在科学史和技术史研究中有突出贡献的著名科学史学家或技术史家，而科恩是 1978 年该年会的讲演人。

总之，作为美国著名的科学史学家，科恩在科学史研究与教育、社会活动、*Isis* 发展等方面都做出了杰出的贡献。

二、研究科恩的必要性与重要性

科学作为人类事业的重要组成部分，它的发展越来越受到社会的影响。科学史作为科学与社会、史学与哲学、科学与文化的桥梁越来越受到人们的重视。科学史的真正发展是 19 世纪中叶的事情，而中国科学史的发展比较晚。新中国成立以来，中国的科学史研究经过了内史向外史、古代史向近现代史研究的转变，并赢得了国内学术界与国外同行们的尊敬。然而，由于语言、学术背景等原因，国内对国外科学史研究较少，对国外科学史学家的系统研究更少，多是停留在介绍和对著作的翻译阶段，对国外科学史的理论研究显得更加苍白。就科学编史学而言，对科恩科学史思想的系统化研究几近空白。

作为萨顿的学生、美国本土的第一位科学史博士，科恩的科学编史思想与方法一直颇受关注，这是由科恩在科学史方面的成就决定的。首先，科恩被公认为一位综合史大师。他的研究范围非常广泛，不仅包括学科史，如物理学史、计算机史等，而且包括科学与政治、科学与战争、科学与文化、科学与文学等方面的研究。科恩还研究了牛顿（Isaac Newton）、富兰克林（Benjamin Franklin）、艾肯（Aiken）等科学家。作为科学史学家，科恩还评价了萨顿、柯瓦雷、库恩等科学史学家的科学编史思想。其次，作为科学史教授，科恩还研究了科学史教育的特征及其功能、科学史教材编写问题等。科恩分析了哈佛大学科学史教育的发展历程，科学史教材编写应坚持反辉格式传统，注重历史性与科学性的统一。再次，科恩作为*Isis*的主编和编辑，对*Isis*的编目进行了改进，并为*Isis*的发展提出一些诚恳的意见。作为*Isis*第二任主编，科恩对*Isis*内容、组织结构等进行了改进。20世纪90年代，科恩回顾了*Isis*的发展历程及存在的问题，并提出*Isis*未来的发展趋向。最后，科恩作为科学教育活动家，为*Isis*、哈佛大学科学史系的建立等做出了贡献。

目前，国外对科恩的研究主要表现在对他的书进行评论和一些纪念性的文章。与国外相比，国内对科恩论著的研究很少，多是译著和对译著的评论。从时间上看，国内研究落后国外近半个世纪，而且研究范围特别窄，局限于对科恩《科学中的革命》《牛顿革命：科学思想转变的例证》(*The Newtonian Revolution: With Illustrations of the Transformation of Scientific Ideas*)的评论，表现出研究晚、面窄的特点。这就为笔者提供了巨大的研究空间。正是基于科恩在科学史方面取得的伟大成就和国内研究的严重缺乏，笔者选择了科恩作为研究对象，在历史、科学、社会等多语境中探索科恩的科学史思想与方法。与国际同行展开对话，这个任务是非常艰巨的。

第二节　相关文献综述

相关文献综述反映了科恩论著书评概况及国内外对科恩论著书评研究的现状。作为著名的科学史学家，科恩对科学史的贡献主要表现在他的论文、著作、书评中。通过对科恩的论文、著作、书评的分析，可以梳理出他研究主题不断变化的特征。国外对科恩的研究很多，形式也很多，如译著式、引证式、书评式、纪念式等，主题包括科学编史学思想、科学革命观、教育思想等。然而，也存在诸多不足：理论方面没有系统地研究科恩的科学观、科学革命观等；方法方面没有系统地研究科恩科学编史方法；价值方面没有深入挖掘科恩的科学编史思想与方法的价值。国内对科恩论著研究仅停留在翻译、评论、生平、获奖等诸多方面的翻译、介绍和评论，缺乏系统化的理论研究、实证研究和价值研究。

一、科恩论著书评编目分析

(一)科恩论文编目分析

科恩的论文可“分为主题、学科和断代三类，是按*Isis*编者们的‘系统分类法’改编而来的”[①]。主题类分为科学与社会、人物、国别史、科学思想史、学科史和专题史等6项；学科分为物理学、生物学、天文学、电学、航空学、计算机科学等6项；断代分为古代、16世纪、17世纪、18世纪、19世纪和20世纪。

1. 主题分类计量分析

科恩发表科学史论文75篇。从主题分类看，科恩论文主要集中于人物、专题史和科学思想史。其中，人物论文40篇，专题史18篇，科学思想史9篇，其他主题共8篇（表1-1）。

表1-1 科恩论文主题分类统计表

年份	科学与社会	人物	国别史	科学思想史	学科史	专题史	合计
1940年以前	–	2	–	–	–	–	2
1941 ～ 1950年	2	5	1	2	1	–	11
1951 ～ 1960年	–	10	1	2	–	10	23
1961 ～ 1970年	–	7	–	2	–	2	11
1971 ～ 1980年	–	4	–	1	–	3	8
1981 ～ 1990年	1	6	–	1	–	2	10
1991 ～ 2000年	1	5	–	1	1	1	9
2001 ～ 2003年	–	1	–	–	–	–	1
总计	4	40	2	9	2	18	75

科恩首先关注人物的研究。具体来说，科恩的人物研究主要集中于科学家、科学史学家两个群体，他主要研究了富兰克林、牛顿、莱布尼茨、艾肯等科学家，还研究了萨顿、柯瓦雷、狄布纳（Bern Dibner）、哈特纳（Willy Hartner）等萨顿奖的获得者。从时间顺序来讲，富兰克林占据他事业的第一阶段，在20世纪后期他再版了关于富兰克林的著作，包括一些补充材料；而从1956年起科恩主要研究了牛顿。从重要性来讲，牛顿占据他学术研究的重要地位。科恩从研究风格上继承并发展了萨顿的风格，他更重视从微观和宏观两个方面研究科学史。例如，对牛顿的研究，科恩分别考证了牛顿科学成就形成的过程及其来源，在此基础上研究了牛顿科学对实验科学、政治学、社会学等方面产生的影响。总之，他的创新主要表现在对著名科学家、科学史学家的研究。

① 魏屹东. 爱西斯与科学史. 北京：中国科学技术出版社，1996：18.

就专题史而言，科恩重点研究了科学史学会会议内容、*Isis*存在的危机及其编目改进历程、哈佛大学科学史教育历程、科学史教育等，充分体现了科恩作为科学史学家、科学史教育活动家、*Isis*编辑的多重角色。从对科恩论文的专题史研究中我们可以看出科学史的进步、*Isis*编辑方法不断改进的过程，以及美国科学史从内史向外史和科学社会史转向的轨迹。

就科学思想史而言，科恩重点研究了科学进步过程中传统与进步的关系、科学史的地位和作用、18～20世纪人们对科学的恐惧与害怕、牛顿革命与科学革命发生的机制等科学思想发展的过程，体现了科学进步的特征及科学与社会之间的关系。

2. 学科分类计量分析

从学科分类来看，科恩论文重点研究了物理学、电学和计算机科学。这是由他的学术背景、他的导师萨顿和他本人的兴趣共同决定的。1933年科恩进入哈佛大学求学。在哈佛求学期间，科恩学习了数学、物理和化学课程，特别是美国著名数学家伯克霍夫（George D. Birkhoff）① 教授力学历史和牛顿哲学基础的教学对科恩其后研究牛顿和科学史产生了重要的影响。1937年科恩获得数学方面的理学学士学位。哈佛大学1936年设立科学史专业的博士学位，1937年科恩成为萨顿仅有的两位博士之一。科恩重点研究了牛顿和富兰克林，这是受萨顿之影响。“他（萨顿）曾提示我研究18世纪物理教科书。”科恩在继承萨顿和柯瓦雷的基础上重点研究了18世纪牛顿和富兰克林。但是，在科恩看来，作为科学史学家他的研究应反映同时代科学最新进展。在这种思想指导下，1998年科恩从计算发展史角度研究了电子计算机之父艾肯，艾肯不仅是数字计算机的推动者，而且是计算机民用化过程的缔造者（表1-2）。

表1-2　科恩论文学科分类统计表

年份	物理学	生物学	天文学	电学	航空学	计算机科学	其他	合计
1940年以前	2	–	–	–	–	–	–	2
1941～1950年	6	–	–	4	1	–	–	11
1951～1960年	3	–	–	6	–	–	14	23
1961～1970年	7	–	1	1	–	–	2	11
1971～1980年	6	–	–	–	–	–	2	8

① 乔治・大卫・伯克霍夫（1884-1944），美国数学家，他最著名的是我们现在所称的遍历定理（ergodic theorem）. 他是美国数学发展最重要的领导人之一.

续表

年份	物理学	生物学	天文学	电学	航空学	计算机科学	其他	合计
1981～1990年	2	–	1	1	–	1	5	10
1991～2000年	2	1	1	–	–	5	–	9
2001～2003年	1	–	–	–	–	–	–	1
总计	29	1	3	12	1	6	23	75

3. 断代分类计量分析

就断代史而言，科恩论文重点研究了17～18世纪和20世纪的科学史，这体现了他对17～18世纪物理学史和20世纪计算机科学史的研究。就20世纪的科学史学家而言，萨顿重点研究了古代希腊科学和中世纪科学，柯瓦雷重点研究了伽利略科学成就。从科学史研究的继承性来讲，作为萨顿的学生和柯瓦雷研究牛顿《自然哲学的数学原理》（以下简称《原理》）的合作者，牛顿很自然地成为科恩研究的目标。科恩与萨顿和柯瓦雷有很大的不同，他认为科学史研究应体现对当代科学的研究。所以，科恩论文研究的主要领域是对20世纪科学、科学与社会的关系研究（表1-3）。

表1-3 科恩论文断代分类统计表

年份	古代	16世纪	17世纪	18世纪	19世纪	20世纪	其他	合计
1940年以前	–	–	2	–	–	–	–	2
1941～1950年	–	–	3	3	1	3	1	11
1951～1960年	–	–	3	6	1	10	3	23
1961～1970年	1	–	6	1	–	1	2	11
1971～1980年	–	–	2	1	–	4	1	8
1981～1990年	–	–	2	1	–	5	2	10
1991～2000年	–	1	2	–	–	6	–	9
2001～2003年	–	–	–	–	–	1	–	1
总计	1	1	20	12	2	30	9	75

（二）科恩著作编目分析

著作是反映科恩科学史研究状况的重要指标。按照*Isis*编目分类法，笔者将科恩教授著作按主题分为科学与社会、人物、科学思想史和学科史，以分析科恩教授著作研究的重点。科恩一生出版的著作有42部。从主题看，科恩教授著作主要涉及人物（24部）、学科史（8部）和科学思想史（5部）、科学与社会（5 部）。其中，人物主要集中于牛顿（英国著名的物理学家、数学家和天文学家）、本杰明·富兰克林（美国最伟大的科学家，著名的政治家和文学家）、威廉·博蒙特（军医）、科顿·马瑟（新英格兰清教徒、神学家，并努力推广疫苗接种以预防天花）、托马斯·杰斐逊（美国第三任总统，建筑师、发明家、科学家、收藏家）、哈维（英国医生、生理学家、解剖学家和胚胎学家）、霍华德·艾肯（美国数学家、计算机专家）等。学科史主要研究了 17 世纪近代物理学、19 世纪美国天文学、20 世纪计算机科学等。科学思想史主要集中于科学革命、科学与哲学、宗教的关系等。科学与社会主要集中于科学与战争、科学与政治、自然科学与社会科学的关系、计算机科学与我们的生活等方面（表 1-4）。

从时间顺序上看，科恩教授的科学史著作发端于 20 世纪 40 年代。20 世纪 40 年代科恩教授出版了他的博士学位论文《本杰明·富兰克林在电学方面的实验与观察》，开辟了他对科学家思想的研究。20 世纪 50 年代，科恩教授出版了关于科学史教育、科学对美国社会产生的影响（研究了美国宾夕法尼亚医院）等相关著作。20 世纪 60 年代科恩教授研究了科学与美国社会的关系问题等。20 世纪 80 ～ 90 年代，科恩教授主要研究了科学与哲学的关系、科学革命、自然科学与社会科学之间的关系等。总体上呈现出从科学思想史向科学综合史研究的转向。

表 1-4　科恩教授著作分类统计表

年份	科学与社会	人物	科学思想史	学科史	合计
1940 年以前	–	–	–	–	–
1941 ～ 1950 年	–	1	2	–	3
1951 ～ 1960 年	1	2	–	–	3
1961 ～ 1970 年	1	1	1	–	3
1971 ～ 1980 年	–	8	–	3	11
1981 ～ 1990 年	–	4	2	1	7
1991 ～ 2000 年	2	6	–	4	12
2001 ～ 2006 年	1	2	–	–	3
总计	5	24	5	8	42

从断代看，科恩主要研究了 17 ～ 20 世纪科学的发展，表现为集中于 17 ～ 20 世纪的科学革命、自然科学与社会科学的关系，17 世纪的牛顿，18 世纪的富兰克林，20 世纪的艾肯等。

从国别看，科恩以美国为研究背景，研究了美国的科学发展。科恩研究了美国科学家富兰克林、艾肯，研究了美国自然科学与社会科学的关系问题，研究了美国科学史教育，还研究了牛顿革命对美国政治产生的影响等。

从数量上看，科恩教授的创作高峰期集中于20世纪70～90年代，这段时间也是科恩教授人物、科学思想史、综合史创作的高峰，这体现了科恩教授研究领域的广泛性、相互影响性和综合性。

总之，从科恩的著作看，人物、科学思想史、综合史是他研究的主要领域。从人物研究看，科恩出版了牛顿、富兰克林、艾肯等科学家科学思想研究的专著。从科学思想史研究看，科恩出版了关于科学革命、科学史教育等专著。从综合史研究看，科恩出版了自然科学与社会科学的关系、数字科学产生的影响等。从科恩的著作可以看出，他研究领域非常广泛，呈现出一位综合史大师的风范。

（三）科恩书评编目分析

书评是科恩对科学史研究的又一重要领域。笔者基本采用 *Isis* 书评的分类将科恩教授的书评按学科（含主题）、断代和国别进行分类。与研究论文的分类不同，书评三类之和为书评的总数。其中学科分为数学、物理学、文哲史、文献学（含编史学）、科学通史（含科学思想史、科学方法史）、科学总论（含科学与社会、科学与教育）、交叉学科、医学和技术；断代分为古代、中世纪、16世纪、17世纪、18世纪、19世纪和20世纪；国别分为中世纪欧洲、文艺复兴欧洲和美国。通过对科恩书评的研究，可以反映出他的科学观、科学史观、科学史研究方法的特征。

1. 学科分类计量分析

从学科分类看，科恩重点评论了物理学、文史哲和科学总论等方面的著作。他还评价了一些关于著名科学家的著作。1938年科恩在评价一本关于富兰克林的著作时，发现作者对富兰克林进行研究时并没有增加一些引证，仅仅增加了一些叙述，结果造成人们对富兰克林的误解。作为萨顿的学生，科恩继承了萨顿的引证编目法，这样就使科学史建立在历史证据基础上，以还历史本来面目。同年，科恩评价了沃尔夫《18世纪的科学、技术和哲学史》（*A History of Science, Technology, and Philosophy in the Eighteenth Century*）。在科恩看来，该书反映了18世纪科学与技术、科学与社会之间的关系，以及一些发明家对他们的发明负责的相关信息，而且该书的索引是相当完整的，这对于研究18世纪科学史是非常有意义的。但是，“作者一方面对 18 世纪的科学、技术和哲学的分类有些武断，另一方面忽视了 18 世纪微积分的伟大作用，关于这部分只有 16 页”[①]。科恩反对这种辉格式的研究方法，因为微积分在18世纪是很重要的科学发现，而作者却没有作为一个重点进行研究。他还评价了关于伽利略、亚里士多德、牛顿、西蒙·斯蒂文等物理学家相关的著作。

从书评也可以看出，人们对富兰克林存在很多误解，忽视他的电学对美国、英国、意大利等国家的科学发展产生的重要影响。这也是科恩博士学位论文选择富兰克林的一个重要原因。1947 年科恩评价一本关于牛顿光学对诗歌等文学想象力的重要性，这对于理解 18 世纪文学标准是很重要的。在 20 世纪 50 ～ 60 年代，科恩在对牛顿《原理》再版和翻译的著作进行研究时，发现很多遗憾。1956 年他在评价一本英文版的牛顿光学著作的翻译时指出：“很遗憾，这本书很多空间致力于牛顿在力学和数学方面的贡献，没有说明关于牛顿光学版本的情况。还有一个遗憾是没有索引和内容表，以方便学者使用该书。”[②]科恩在前人研究的基础上，出版了《牛顿革命》、《牛顿的自然哲学》（*Newton's Natural Philosophy*）等著作（表 1-5）。

表 1-5 科恩书评的学科分类统计表

年份	数学	物理学	文哲史	文献学	科学通史	科学总论	交叉学科	医学	技术	合计
1940 年前	1	5	2	–	–	–	–	–	–	8
1941 ～ 1950 年	4	10	2	–	2	2	–	1	2	23
1951 ～ 1960 年	–	8	3	2	–	4	–	–	1	18
1961 ～ 1970 年	–	5	–	–	1	1	–	–	–	7
1971 ～ 1980 年	–	4	–	–	–	–	–	–	–	4
1981 ～ 1990 年	–	1	3	–	1	1	–	–	–	6
1991 ～ 2000 年	–	2	–	–	–	2	–	–	–	4
2001 ～ 2003 年	–	–	–	–	–	–	1	–	–	1
总计	5	35	10	2	4	10	1	1	3	71

总之，从学科分类看，科恩重点书评了物理学。这与他的主要研究领域是紧密相关的。一方面，科恩主要研究的人物集中于物理学，如富兰克林和牛顿。因此，科恩书评的主要内容是涉及这两个人物的相关著作。另一方面，作为综合史大师，科恩的第二个主要研究领域就是专题史和科学思想史。所以，他的

① Cohen I B. Reviewed work(s)：A history of science, technology, and philosophy in the eighteenth century by A. Wolf. Isis, 1940, 31（2）：450-451.

② Cohen I B. Reviewed work(s)：Traite d'optique by Isaac Newton. Isis, 1956, 47（4）：448-449.

书评关注文史哲之间的关系问题、科学发展总论。这些书评为他研究专题史和科学思想史奠定了基础。再者，书评不仅体现了与科恩主要研究领域的一致性，而且体现了科恩的一些科学史观及学科史研究中存在的一些问题。

2. 断代分类计量分析

从断代分类看，科恩重点评论了18世纪科学的发展。他集中关注18世纪电学、物理学的新进展。从科恩的书评中可以看出，18世纪科学史研究在当时处于起步与发展阶段。从断代分类看，一方面，科恩书评反映了科学史研究的历时性，也就是说，从萨顿到科恩，对科学史的研究从中世纪向近现代推进；另一方面，科恩书评与科恩论著的研究领域具有一致性。科恩论著主要研究了17～18世纪的物理学，而他的书评也主要集中于这一阶段。书评为他的论著研究提供了基础（表1-6）。

表1-6 科恩书评断代分类统计表

年份	古代	中世纪	16世纪	17世纪	18世纪	19世纪	20世纪	合计
1940年以前	–	–	–	–	1	–	–	1
1941～1950年	–	1	–	–	–	–	–	1
1951～1960年	–	–	1	1	3	2	–	7
1971～1980年	–	–	–	–	1	–	–	1
1981～2003年	–	–	–	–	–	–	1	1
总计	–	1	1	1	5	2	1	11

3. 国别分类计量分析

从国别分类看，科恩重点评价了美国科学史（表1-7）。1947年科恩评价了关于福特兄弟飞行的著作。同年他评价了一本关于耶鲁大学250周年庆祝的书，说明“科学史是文化史和智力史的一部分”①。1949年科恩评价了一本关于美国文学史的著作。科学史同文学史是密切联系在一起的：一方面，科学史是文学史的一个组成部分；另一方面，文学史可以为任何时期科学的讨论提供文学背景。

从科恩对美国科学史的书评看：一方面，美国科学史的研究不仅具有科学价值和史学价值，而且具有文化价值和社会价值；另一方面，这与科恩论著主要研究美国科学史是一致的。科恩研究了美国科学家富兰克林、自然科学对美

① Cohen I B. Reviewed works：The first hundred years：1701-1801 by Louis W. Wckeehan Isis, 1947, 38（1/2）：119.

国建国之父们的影响、美国科学史教育等方面的内容。显然，他的书评从国别看也确实集中于美国，体现了他的论著与书评的一致性。

表 1-7 科恩书评国别分类统计表

年份	中世纪欧洲	文艺复兴欧洲	美国	合计
1941 ～ 1950 年	1	–	4	5
1951 ～ 1960 年	–	–	1	1
1961 ～ 1970 年	–	1	–	1
1981 ～ 1990 年	–	–	2	2
总计	1	1	7	9

通过对科恩论著和书评的编目分析，可以梳理出他研究的主要领域及他研究的特征。

首先，体现了科恩论著与书评分析的一致性。从主题、学科、断代、国别不同分类的情况看，体现了科恩书评与他的论著关注领域的一致性。这也说明了科恩论著建立在他对相关领域广泛研究的基础上。因为从书评中我们可以看出科恩对以前学者研究存在的问题及不足的分析，这正是他需要进一步研究的主题。

其次，体现了科恩作为综合史大师的典范。科恩论著和书评不仅涉及物理学，而且涉及科学与社会、专题史和科学思想史。他将科学放入广义的认知、科学、历史、社会等语境中进行研究，体现了综合史研究的显著特征。

再次，说明了科恩是一位很严谨的学者。他在确定研究领域时，对相关的原始资料进行了大量的分析，使他的科学史论著更具史学价值和科学价值。

最后，体现了科恩在科学史不同领域的继承性与突破性特征。他不仅继承了前人的研究主题，而且在他们的研究基础上进行了创新。

二、国外对科恩研究的现状

国外对科恩的研究首先是对其论著的不断出版、再版；对其论著的评论比较多，专门研究科恩的专著还没有。具体体现在五个方面：整理并出版科恩的著作、翻译其著作、对他的论著进行评论、对其论著进行引证，以及撰写纪念性论文，整体上对科恩的研究呈现上升的态势。

（一）整理并出版科恩的原始资料

对科恩生前还没有发表的著作进行整理和发表。科恩生前最后一本著作：

《数字的胜利：数字如何塑造现代生活》在他去世前一个星期寄达出版社，2005年被整理出版。目前，关于科恩的一些手稿还处于进一步的整理与发表之中。

（二）翻译工作

20世纪80年代以来，科恩所著的《科学中的革命》《牛顿革命》等一些论著已被翻译成日语、中文、韩语、法语、德语等多国语言，成为很多国家科学史研究的经典著作。这是科恩论著在国际上产生影响的重要体现。他的一些论著翻译后被多次再版。

（三）科学史学者对科恩论著的评论

自20世纪40年代以来，科恩的很多著作，如《美国科学的早期工具》（*Some Early Tools of American Science*）、《科学的通识教育》（*General Education in Science*）、《〈牛顿原理〉的介绍》（*Introduction to Newton's Principia*）、《科学与开国元勋：杰斐逊、富兰克林、亚当斯与麦迪逊政治思想中的科学》等得到同行的评论。同行一方面肯定了科恩科学史研究一些创新的方面，另一方面也提出了一些诚恳的意见。

1. 1948年佩滕吉尔（G.E. Pettengill）对科恩的《科学与人类的仆人：科学时代门外汉的入门书》（*Science, Servant of Man: A Layman's Primer for the Age of Science*）进行了评论

首先，佩滕吉尔分析了科恩写这本专著的时代背景。随着政府机构对科学研究重视程度的不断加强，作为付账的外行人应该有兴趣知道为什么政府应该这样做和科学研究的方向。科恩对有实际利益的科学研究潜能进行了具有指导性和有趣的说明。在国家科学基金的资助下，科恩从很多专家那里获得帮助。科恩是哈佛大学的老师，写过几本关于科学史方面的著作，他有资格承担这项任务。而且，这不只是详述发明和发现的事实和数据，更是为了使外行人明白基础科学研究的重要性。这本书通过选择历史案例说明这种研究的实际成果。其中，他重点研究了科学家的经历，追踪他们思想发展的历史，这些思想对美国科学产生怎样的影响，他们如何被使用和服务于人类。其次，佩滕吉尔评价了科恩所认为的社会条件对科学发现的重要性。科学发现经常依靠适当的科学氛围。当科学氛围不好时，一些科学发现处于潜伏期，只有当科学氛围更有利于进一步研究时，科学发现才可能被发掘出来。再次，佩滕吉尔介绍了科恩关于

科学被应用的三种形式。第一种形式为基础科学的实际应用。仅仅是科学实验对事实进行研究的副产品。第二种形式为实际应用是可能的。研究直接为了达到预期的目标。第三种形式是很不寻常的。已经被了解和研究的科学事实需要很长时间才能被使用。科学基础研究是其被应用的前提条件。佩滕吉尔也指出：当有一个合适的科学背景时，科学家设计的一些发明才能转化为现实生产力。最后，佩滕吉尔评价了科恩的科学观。在科恩看来，自由的没有障碍的科学研究是很重要的，科学研究应该得到支持，它能得到实际应用。进一步阅读我们会发现，一些目录包括一些象征性的科学研究内容，这对外行人很重要。

2. 两位学者对科恩的《美国科学的早期工具》一书进行了评论

1950 年沃森（E.C.Watson）对该书进行了评论。为了庆祝首次在哈佛大学举行的综合性科学仪器展，这本书为美国早期有价值的科学工具提供了背景资料，展示哈佛大学在 18 世纪和 19 世纪初具有哲学意味的装置，在目录中给出了很多仪器的背景资料。这本书之所以能够引起人们的重视，是因为它不但对科学史教师很重要，而且对美国文化史学生具有重要作用。

1950 年佩滕吉尔也评价了科恩的这本书。1949 年 2 月 12 日，在哈佛大学举行了 1764 ～ 1825 年的科学仪器展。这本书是科恩为展览做的综合性的介绍资料。只有给出足够的信息，参观者才能了解到这些仪器在教育中的作用。科恩提供了关于教学的材料、演讲的内容、一些科学系教学发展的历程。18 世纪是天文学、自然哲学、化学、自然史和矿物学的时代，对它们的研究经过了整个 18 世纪和 19 世纪初。1764 年的火灾破坏了哈佛大学的图书馆和科学仪器。火灾之后一些重要仪器逐步被重新生产出来。关于化学和生物学的仪器比较多，这本书不仅可作为课本材料，而且对科学研究有重要意义。

3. 两位学者对科恩的《科学的通识教育》（*General Science in Education*）一书进行了评论

1952 年乔治·史密斯（George E. Smith）评论了这本书。首先，他评价了该书对一般教育的重要贡献。这里提供了对非科学专业的人理解科学和科学方法的观点，并且科学与科学方法是一致的。他所提供的理由的满意程度拓宽了二者一致的范围。科恩的书是综合性的，对非科学工作者了解科学教学、科学史、技术文明中的科学、生物学中的问题具有很大帮助。其次，他评价了该书的目的。该书的目的是最大限度地培养人们的科学兴趣，我们必须学会呈现给人们我们的活动所拥有的广泛的人类价值。科学的价值不在于提供给人们新的器械和主要的新的物品，而主要在于丰富人们的生活，使人们的生活拥有新的审美和情感体验，拥有广泛的理解，拥有智力方面的激励性体验。通过体验科学使我们重获对自然的好奇，这些好奇存在于以前科学家放弃解决这些谜团的希望。作者认为对于大学生来讲很重要的是要理解世界而不是利用科学做些事情。科学史教育应认识到大学生的需要，寻求令大学生满意的最好方式。这本书对于对科学史产生兴趣的人和从事科学史教育的人都是有帮助的。

1952 年亨肖（Clement L. Henshaw）也评价了这本书。他认为这本书对非自然科学专业的学生来说具有非常重要的作用。20 世纪 50 年代，人们要求增加科学方面的专业研究。科学史老师应告知学生需读的书的清单。从历史观或哲学的视角理解科学是什么以及科学能做什么，而不是仅仅知道一些事实、原理和推论，这将在非科学专业的学生各种课程中进行尝试，并且这对学生们理解科学很重要。

4. 1972 年博耶（Carl B. Boyer）对科恩的《〈牛顿原理〉的介绍》一书进行了评论

这本书不仅建立在 1687 年、1713 年、1726 年出版的关于牛顿手稿的基础上，而且包括了牛顿《原理》的手稿。整本书分四个部分，第一部分说明了《原理》一些新的内容，其他三部分描述了对第一版、第二版和第三版所作的修改。科恩称他编本书的目的是为了展示牛顿如何写出《原理》，而不是为了追踪概念、方法、证明的历史。这本书很大，很漂亮，有充足的空白地方。这种完美的成就和广大的博学显示了科恩超越狭窄边界的特征，给了我们一个预示：起初的宏大计划将会在国际范围内受到欢迎。

5. 1975 年格贝（Allan W. Gabbey）对科恩的《原则：自然哲学的数学原理》（*Isaac Newton's Philosophical Natural is Principia Mathematica*）一书进行了评论

第一版的手稿包括牛顿和哈雷（Halley）的八篇原文。1956 年科恩和柯瓦雷先构思出这个令人钦佩的计划。他们完成了这个理想的平衡即呈现已出版的原文和《原理》题目中包括的内容之间的平衡。

原文的前言是对评论的一个指导，告诉读者这一版与其他版的不同，但是并没有给出明显的评论：①印刷风格上的变化；②指出 E2、E3 标点符号和拼写的错印和变化；③对 E2、E3 系统变化的介绍；④等式数学表达标志法方面的变化；⑤现在版的抄写本在重音、缩写、其他印刷本习惯方面的变化。另外 10 个附录处理了大量的关于这个题目。有趣的部分是手册选择 E3 作为最主要的原文，主要有两个方面的考虑。第一，这个问题不是为了从貌似真实的读物中建立权威性的原文，而是为了核对牛顿本人所写的连续变动。E3 在牛顿看来是权威性的原文。第二，《原理》并不是文学和哲学，而是科学著作，最后的阶段比前面阶段更接近真理。这个计划里不完善、错误、不确定的内容在科恩书里都被删掉。然而，最主要的原文应该是牛顿对同时代人产生直接影响的原文，编者并没有讨论这些方面。

作为牛顿思想的真实证据，《原理》表述了不同的问题，解释了他的哲学词汇。对这个问题的解决需要依靠查阅 17 世纪哲学词典，研究很多当时经常被用的原文。尽管科恩教授在前言中对提交的一些版本及《原理》同时代的英文翻译作了一些介绍，但是现在出现一个逐渐增加的认识，即牛顿自然哲学中所用的术语是传统经常用的哲学术语。尽管牛顿的哲学语言是来回摆动的，但他的思想并不是如此，解释他为什么对新词如向心力下定义，而没有对其他的词如影片、反应、地位、突变等当时普遍的哲学语言作定义。例如，一些词在牛顿之前已有好长历史，如果没有以前它们可接受的，牛顿所给的特殊含义不可能被理解。评论者的意思是我们要注意考证一些的词源及它的含义。这反映了科恩概念分析法的重要性。

6. 1985 年迈克尔·鲁赛（Michael Ruse）对《科学中的传统与转变：纪念科恩》一书进行了评论

首先，鲁赛分析了这本书的结构。该书分四大部分，第一部分是科学史、科学哲学和数学。这一部分涉及范围很广，从中世纪西方和阿拉伯国家的科学到 20 世纪的科学、哲学方法和爱因斯坦自我想象方面的评价，重要的变化发生在纯思想世界，而不是经验科学的世界。第二部分是关于 18 世纪的传统，这是相当短的一部分。科恩对该时期科学的研究提供了一些启发性思考，如生物学与社会学之间的争论、科学与社会的关系（18 世纪电学史）等。第三部分是美国科学。科恩强调对当代科学的研究。第四部分是科学思想和文化背景。这是将不能归入前面的论文放在一起的办法。其次，鲁赛分析了这本书存在的问题。由于该书根本的问题是没有迎合的对象，因而陈列在大学图书馆的书架上没有人看。其中的很多论文可能被人们遗忘了，但是对从科恩生活、工作中学到东西的人来讲——包括我们中很多人来讲还是很有意义的。这反映了科恩研究主题、思想和方法对他的学生、同事的影响。

7. 两位学者对科恩《科学中的革命》一书进行了评论

1986 年韦斯特福尔（Richard S.Westfall）对该书进行了评价。第一，韦斯特福尔评价了科恩的科学革命观。科恩通过展示很长的背景，认为 20 世纪后期把科学看作是革命而不是进化是可能的而且是不可避免的。在我们这个时代，革命是普遍的，最近 30 年科学史著作以革命占主流。科恩将革命划分为四个阶段。根据他的客观标准，他能区别真正的革命与革新的区别。它使我们了解到以前所没有了解到的新内容。根据革命我们可以思考科学史。第二，这本书考察了革命概念的演变过程。科恩考证了科学与社会政治环境之间的相互作用。科学革命的概念来源于政治革命，18 世纪后期，政治革命越来越普遍，革命被应用于科学领域的意识越来越强。第三，韦斯特福尔分析了科恩科学革命研究资料的重要性。科恩提供的很多研究资料对我们来讲是很必需的。但是当我们进入这个学科，由于太年轻不可能得到，这也是我们努力奋斗的方向，科恩是这个目标的具体体现。

1988 年诺索（G.S.Roussau）也评价了该书。第一，诺索认为科恩在前言中谈到他与库恩科学革命研究的不同是很有必要的。在前言中他的读者自然想知道他的书与库恩的《科学革命的结构》（*The Structure of Scientific Revolution*）及其他相关书有怎样的联系。科恩预先在很多地方评论了这个问题，他强调这本书并不是另一本讨论科学革命结构的书，他试图从新的历史观仔细考虑科学革命这个主题。然而，这种新奇并不意味着科恩能代替以科学史和科学哲学为基础的库恩的科学革命观。在原著中科恩经常提醒我们从严格的历史观看，他显著的目的是完成一些不同于库恩的事情。例如，科恩在书里勾画出广泛的文化背景，它组成了完整的历史观，这些内容似乎服务于整个目的。第二，根据科恩提出的科学革命发生的标准概括出发生过五次革命，即哥白尼革命、牛顿革命、拉瓦锡革命、达尔文革命和爱因斯坦革命。革命的很多方面在这本书里没有被探究。例如，科学家个人在科学革命思想构思与传播中的创新过程和角色，科学革命的攻击、科学交流方式对科学革命的影响。尽管目录是不充分的，但科恩提供了关于历史细致程度的限制性条件。笔者仅仅接触到科学革命与社会的、政治的、组织的、经济基础相互联系的一些程度。第三，评价了科恩研究科学革命的方法。科恩采用了概念分析法，分析了科学革命与政治革命的关系。第四，科恩提出的科学革命发生的四个阶段存在一些缺陷。科恩通过对复杂过程的研究发现科学革命的发生过程是从思想与纸面再到接受的过程，这是通过科学共同体来完成的。科恩重视历史证据，他强调历史是最终的裁判。科恩的洞察力从来就没有引起足够的注意以改变外行的思想。一些科学家并不认可科恩提出的四个阶段。第五，评价了科恩改宗的思想。在科恩看来改宗是科学革命的根本特征。科学家采用新的理论类似于宗教领域信仰的改变。库恩最合适的阶段，在结论中被科恩引用和讨论，科恩并没有解释他对于转变的重要方面为什么是如此的简洁。但是，科恩的结论是避免过早地估计转变，使他的读者确信他的任务主要是记录和分析，而不是判断。第六，评价了该书产生的影响。在很多领域里这本书被广泛查阅。关于这本书的影响是否会超过库恩的《科学革命的结构》，时间会告诉我们。但有一件事情很清楚，很长时间以来科学史学家认为：科恩不但是最多产的美国科学史学家，而且是综合性的。

8. 1992 年芬恩（Bernard S. Finn）对科恩的《本杰明・富兰克林的科学》一书进行了评价

第一，芬恩评价了该书资料的新颖性。在 1943 ～ 1954 年科恩发表了关于富兰克林的八篇论文。为了把它们放在一起，科恩确定了新的三章内容。它们提供了关于富兰克林电学的科学活动，评价了富兰克林工作的重要性，并提供了其他人对富兰克林研究的最新成果。虽然我们可能怀疑这本书是材料的堆积而不是完整的说明，甚至一些材料缺乏对富兰克林科学活动的分析，但是大部分读者所希望得到的一些附加资料在书里能获得。这本书的题目和封面暗示了它是一本新的作品，目录和章节的开头没有提到材料的来源，只有在前言中告诉读者许多材料以前在其他地方已发表，只有在最后附录中说明了在哪儿能找到这些资料。前言中提到他的书是经过修改后发表的，人们希望得到一些最新的研究成果，但是大量的修订很少。第二，评价了科恩的创新性。科恩对富兰克林的研究是一项开创性的工作，但是变化范围很小，在方式上有很小的变化，在时间的调整上有一些变化。科恩对富兰克林的研究具有开创性，体现在他对美国史上重要人物进行了评论。这是科学史学家不能忽视的研究领域。第三，指出了一些不足方面。科恩的不足就在于他的很多著作已恢复到表面处理的水平，这不是我们所要学习的地方。如果我们献身于科学史工作，我们必须以正确的方式通过多年的努力提升历史资料。

9. 1995年尼科尔森（Colin Nicolson）对科恩的《科学与开国元勋：杰斐逊、富兰克林、亚当斯与麦迪逊政治思想中的科学》一书进行了评论

首先，尼科尔森评价了这本书的伟大之处。他认为该书是科学史研究者一生只有一次机会的经典之作。它对四个人生活和工作中科学和政治的内在联系首次进行广泛的尝试。科恩洞察到一般科学特别是牛顿理论对政治思想和政治行为的影响。建国之父们认为科学是人类理性的最高表达。世俗世界中的科学理论和实验方面的资料使18世纪后期美国政治焕发了活力。其次，尼科尔森分析了该书的内容。该书分为五个部分，其中四个部分进行了案例研究，对一些词汇进行了附加性的说明。特别是服务于不熟悉牛顿物理学的人。第一章对于政治史学家很重要，因为它确定了科恩基本的研究法，这个情况依靠这个假说：建国之父们对科学类推法和隐喻的区别使用把从物理学和生命科学的概念、原理、法则分别应用于政治和社会行动中。学者同意认为美国实验本质的说明与治国之间是有关联的。建国之父们很重视科学的变化。也有一些证据说明了科学教育、科学著作和其他方面是相关的。著作还展示了杰斐逊的著作和《独立宣言》使用演绎推理的特征，即在科学和政治思想方面建立一些具有公理性质的原理。因为在当时的背景下，政治性革命的本质由国会通过，这些在《独立宣言》中是很明显的。该著作还展示了富兰克林归纳科学研究方法在政治活动中的应用等。

10. 1992年弗洛里斯·科恩（Floris H. Cohen）评论了科恩的《清教主义与现代科学的兴起》一书

该书重点介绍了默顿对I. B. 科恩的影响。I. B. 科恩告诉人们默顿是怎样写出STS和其后发生的事的。I. B. 科恩继承了默顿。从20世纪30年代起作为萨顿的助手，科恩首先读了默顿的手稿，介绍了默顿的STS思想。

（四）学者对其论著的引证

科恩论著包括的范围很广，涉及人物研究、学科史、科学与社会等方面，因而他的论著被引证的范围也非常广，涉及科学哲学、科学社会学、科学史、

科学知识学、科学史教育等学科。科恩的科学史论著通过被引证对相关学科的发展产生了重要的影响。下面介绍科恩论著被国外引证的情况（表 1-8）。

表 1-8　国外对科恩教授论著引证的论著主题分类统计表

年份	科学与社会	科学与教育	人物	科学思想史	学科史	科技哲学	专题史	合计
1961 ～ 1970 年	–	–	–	–	5	–	–	5
1971 ～ 1980 年	–	–	3		3	3	–	9
1981 ～ 1990 年	1	2	2	1	15	2	–	23
1991 ～ 2000 年	24	5	24	15	40	17	2	137
2001 ～ 2005 年	43	13	95	28	51	40	–	270
总计	68	20	134	44	114	62	6	448

首先，科恩论著为人物和学科史研究提供了大量翔实的史学材料，丰富了科学史大厦。科恩继承了萨顿的引证法和编目法传统，通过大量发掘新的材料，为科学史工作提供基础材料。例如，他对牛顿、富兰克林、萨顿、柯瓦雷等著名科学家和科学史学家的研究，建立在对丰富的历史材料的引证基础上，因而具有权威性和可参考性。科恩本人反对以间接的叙述来研究科学史，特别是反对辉格式的研究传统，这样一来，更增加了他论著的可借鉴性和客观性，因而在科学史基础性的研究领域产生了重要的影响。

其次，从被引证的论著看，科恩论著对科学史的人物、学科史、科学与社会、科技哲学产生了重要影响。作为一名综合史大师，科恩不仅关注学科史进步的历程，以及科学家、科学史学家的科学思想史，而且作为二战时期成长的科学史学家，科学与社会始终是他关注的重点。20 世纪 40 ～ 80 年代，他研究了科学与战争的关系、科学史的社会价值、科学的功能等。20 世纪 90 年代，科恩研究了科学对政治产生的影响、自然科学与社会科学之间的关系、科学史教育的社会价值等。随着科学外史和综合史研究的不断深入，科恩的科学与社会论著的影响力不断得到提升。科恩论著对科技哲学产生的影响体现在他的《科学中的革命》一书中。在该书中，科恩论证了科学革命发生的四个判据和四个阶段。将科学革命放在科学、社会、历史语境中研究，体现了科学革命发生的逻辑性与历史性、内史性与外史性等的统一性，成为继库恩《科学革命的结构》之后，又一部关于科学革命研究的杰作，被很多科学技术哲学论文引证。

最后，从时序上看，科恩论著产生的影响集中于 20 世纪 90 年代后。这同他在 90 年代论著的转型有很大的关系。20 世纪 80 年代起，科恩进入了综合性的研究阶段，特别是科学与社会的关系问题成为他研究的主要领域。他研究了*Isis*与美国科学史学会的关系的发展过程、美国科学史学会发展历程、美国科学史教育发展历程、自然科学与社会科学的关系、科学革命发生的语境解释等，这些主题也是该时期各个国家科学史研究关注的领域，因而在该时期他的论著产生了重要影响。

简言之，通过对国外科恩论著的引证分析，可以看出科恩研究内容和研究方法在国外产生的影响。影响的产生与科恩科学史研究风格有很大的关系。首先，作为著名的科学史学家，科恩非常重视原始资料的收集与整理，并将这些资料放入他的论著的补充材料和注释之中，这为他的论著被引证提供了资料基础。其次，科学思想史研究已越来越成为科学史研究的重要领域。而科恩重视对著名科学家和科学史学家思想的研究，特别是他对牛顿和富兰克林科学思想全面系统的研究，为这些内容被引证提供了条件。最后，科恩在谈到*Isis*的危机时，指出未来科学史研究将转向科学社会史。而他本人也是这个转向的实践者，他研究了科学与政治、科学与文化、科学与文学等方面的关系问题。而目前科学社会史研究热的兴起，为科恩科学社会史被引证提供了时代背景。总之，科恩是著名的科学史学家，正是他的研究领域的广泛性、时代性、全面性和系统性，最终使他的论著被广泛地引证，进而影响了国外科学史研究。

（五）纪念性论文

纪念性论文集中体现在科恩生前与去世后学者对他在科学史方面的杰出贡献所作的评价。20世纪80年代由他的学生、同事埃弗里特·门德尔松（Everett Mendelsohn）主编了《科学中的传统与转变：纪念科恩》，目的是为了纪念科恩在科学史方面取得的成就。该书从四个方面阐述了科恩主要的科学史研究领域。科恩去世后由黑格（T. Haigh）写了关于科恩的传记《讣告：I.B.科恩（1914.3.1–2013.6.20）》(*Obituary: I. Bernard Cohen*（*1 March 1914-20 June 2003*）)，其他人也写了相关的纪念性文章。

总之，国外对科恩的研究，从地域看，主要集中于美国本土；从研究形式看，包括书评、引证、纪念性著作和文章等；从内容看，涉及科恩在科学史不同领域取得的成就，如学科史、人物、科学革命专题史、科学对政治产生的影响等方面。这些研究对科学史学科及其他学科的发展具有重要的学术价值和实践价值。但是，这些对科恩的研究还远远不够，并没有挖掘科恩的科学史研究主题、思想与方法。

三、国内对科恩研究的现状

国内对科恩教授论著的研究兴起于20世纪80年代。主要体现为三个方面：对科恩著作的翻译、科学革命观和科学编史思想与方法的研究、论著的引证。

（一）对科恩著作的翻译

作为著名的科学史学家，科恩一生的著作有40多部，涉及科学革命史、科学家研究专史、自然科学与社会科学问题等。到目前为止，科恩论著被翻译为中文的有《牛顿传》（*Isaac Newton Biography*）、《科学中的革命》、《牛顿革命》。科恩的第一本中译本著作是由葛显良翻译，1989年由科学出版社出版的《牛顿传》，包括关于牛顿的编目。第二本中译本于1992年问世，由军事科学出版社出版（杨爱华等翻译，黄顺基等校），书名为《科学革命史》。遗憾的是，这个译本把约占全书1/3篇幅的“补充材料”和参考文献部分全部略去了。这个遗憾直到1998年商务印书馆出版了由鲁旭东等人翻译的《科学中的革命》的全译本后，才得到了弥补。科恩的另一本书《牛顿革命》由颜锋、弓鸿午和欧阳光明翻译，1999年由江西教育出版社出版。

（二）对科恩科学革命专题史及编史思想与方法的研究

国内对科恩的研究起步较晚，到21世纪初才有相关论文发表。由于国内对科恩著作的翻译主要集中于科学革命史，因此国内对科恩思想研究主要集中于他的科学革命思想。

1. 探讨科恩对失败的科学革命产生的类型与意义

2004年厦门大学张立英在《自然辩证法研究》第9期发表的《论失败的科学革命——兼评科恩的科学革命理论》一文中指出：科恩所认为的失败的科学革命发生的七种类型，“分别是成果搁浅、证据不足、虚假证据、反动阶级的扼杀、认识上的局限、科学界对新思想的抵触、对个人的偏见等”[①]。

① 张立英. 论失败的科学革命——兼评科恩的科学革命理论. 自然辩证法研究，2004，（9）：45-49.

2. 探讨科恩科学革命发生“四个判据”在主观性、广泛适用性和普遍性上存在的问题

赵豫蒙发表于《内蒙古大学学报》2004年第6期的《科学革命：知识生态圈的进化现象——对科恩鉴别“科学革命”四个判据的再思考》一文中指出：科恩关于科学革命发生的“四个判据”在很大程度上取决于主体的认识观和价值观，而这些与主体所处的时代、环境，以及主体自身的科学涵养和鉴赏力紧密联系在一起。科恩的四个判据带有明显的主观因素，判据之间界限模糊，并非鉴别科学革命的充分必要条件，在广泛适用性和普遍性上存在着可推敲之处，并且这四个标准很难涵盖所有具有革命性的科学理论和科学发现的特点和价值。

3. 探讨科恩科学中的数学观念革命

陈玲发表在《自然辩证法研究》2005年第4期的《论科学中的数学观念革命》一文，认为科学革命是对科学思想进行一些重大的重新组合，观念转变是革命过程的一个关键组成部分。从数学化和达尔文式的非数学化、概率思想、工具互补等这些数学观念的突破，说明了数学观念的革命对科学的发展及数学本身的发展具有重要的意义。科学革命的过程体现了不同数学观念的运用过程。

4. 探讨科恩科学革命中信仰的改变

郭金彬、陈玲发表在《自然辩证法研究》2006年第3期的《科学革命中信仰的改变》一文中指出：科学革命的重要特征就是信仰上的改变。作者从信仰的力量、信仰的改变、改宗的科学三个方面分析了科学革命发生过程中信仰改变的历程。科恩所指的改宗现象，主要是指信仰、观念上的改变，涉及科学内容、科学价值、科学精神、科学思想和科学方法等方面信仰的改变。

5. 魏屹东教授在《爱西斯与科学史》专著中也介绍了科恩的一些基本情况

第一，介绍了科恩在科学史方面取得的成就。包括科恩在电学、物理学、科学革命等方面著作的介绍。第二，介绍了科恩对科学史学科建设等方面所作的贡献。第三，介绍了科恩作为 *Isis* 的第二任主编，对 *Isis* 做出的贡献。第四，通过内容分析法，研究了科恩对 *Isis* 主题内容进行改变的历程。第五，分析了科恩在科学史方面所获得的奖项。魏屹东教授的研究为从多视角研究科恩提供

了基础性资料。

6. 探讨科恩科学史研究的特征

苏玉娟、魏屹东发表在《科学技术与辩证法》2009年第1期的《继承与超越：简评科恩的科学史研究特征》一文指出：科恩是一位综合史大师，主要在人物、科学与社会关系、科学编目、科学编史学等方面对科学史进行了综合研究。总体上科恩的研究主题体现了在研究内容及方法等方面对萨顿和柯瓦雷等前辈的继承与超越。

7. 探讨科恩的科学编史学方法

苏玉娟、魏屹东发表在《自然辩证法通讯》2009年第3期的《科恩的科学编史学方法新探》一文指出：科恩作为20世纪著名的科学史学家，他的科学编史学方法集中体现为对前人的继承与创新。一方面，科恩继承并改造了萨顿、柯瓦雷的编目考证法、引证原始材料分析法、概念分析法、历史记录分析法；另一方面，科恩提出自己的编史方法，体现为证据分析法、广义语境分析法、微观宏观整合法、再版补充法。对科恩科学编史方法的研究有助于梳理20世纪以来科学编史学方法的推进与创新的历程，对促进我国科学史研究具有重要的借鉴意义。

8. 探讨科恩的语境论科学编史学思想

苏玉娟、魏屹东发表在《自然辩证法研究》2009年第6期的《科恩的语境论科学编史学》一文指出：科恩作为20世纪著名的科学史学家，他的语境论科学编史学是由科学史学科的语境性、科学史研究的主客观语境条件、科学史研究的语境方法构成的，这是非常独特和深刻的。他的语境论科学编史学对当前科学史基本问题的研究具有重要的借鉴与启发意义。

9. 探讨科恩科学革命发生的语境解释及其现实意义

魏屹东、苏玉娟发表在《自然科学史研究》2009年第3期的《科学革命发生的语境解释及其现实意义》一文指出：科恩科学革命发生的历史判据，对研究重大科学革命提供了客观依据。但是它不能解释历史上曾发生的理论革命或较小的科学革命，并且他认为研究科学革命的发生没有必要诠释科学革命，这就使科学革命的发生在脱离科学革命本体论基础上进行研究，使我们对他所认可的历史上发生的科学革命产生怀疑。鉴于以上原因，我们试图从语境角度解释科学革命的发生，提出了科学革命发生的“语境解释”，即从认知、理论、社会、历史文化语境解释了科学革命的发生问题。加强科学革命发生问题的研究，对提升我国科学技术发展能力，创建自主创新国家，促进科学技术与社会和谐发展具有重要的现实意义。

10. 探讨库恩与科恩科学革命观的异同

苏玉娟、魏屹东发表在《山西大学学报》2010 年第 3 期的《库恩与科恩科学革命观的比较研究》一文指出：库恩和科恩分别提出了各自的科学革命理论。这两种理论既体现为在研究目的、评价标准、适用范围及语境因素分析的不同，同时也体现了它们研究问题的统一性特征，如改宗现象、教科书的历史地位、科学家心理因素的分析。两种革命理论还表现出在适用范围的局限性，都带有主观主义、相对主义的倾向。

11. 探讨科恩的语境论科学观

苏玉娟、魏屹东发表在《科学技术哲学》2011 年第 3 期的《科恩的语境论科学观》一文指出：科恩的科学观是一种语境论科学观。科学本体来源于历史语境，科学发展是历史和科学语境中科学观、传统与进步的更替，科学价值体现历史、科学和社会语境中科学对相关科学、社会和民众的多元功能性。科恩的语境论科学观体现了逻辑与历史的统一性，科学史与科学哲学的融合性、语境广义性和方法的多元性。

（三）对科恩教授论著的引证

我国科学史研究自新中国成立以来取得了显著的成就，表现为 20 世纪 50 ～ 70 年代以实证主义的编年史方法为主的内史研究、20 世纪 80 ～ 90 年代以科学社会史为主要特点的外史研究和内史研究、21 世纪综合史研究。从我国科学史研究的成果来看，95% 以上的成果都产生在“文化大革命”以后的近 30 年内[①]。

我国科学史从不同方面展示出综合性发展趋势。首先，从我国科学史 60 多年的发展来看，更多地体现了从跨学科的研究角度来看待科学史，并逐步转向

① 袁江洋，刘钝 . 科学史在中国的再建制化问题之探讨（下）. 自然辩证法研究，2002，(3)：51-55.

从系统论等整体性观点来看科学史，科学史研究对象、研究方法出现综合性的发展趋势。其次，从事科学史研究的人员也在扩大，除了自然科学史学家之外，科学社会学工作者、科学哲学工作者、自然科学工作者等也从自己的角度分析科学史，科学发展研究已经成为科学家、史学家、哲学家、社会学家、经济学家、科技工作者乃至文学家和艺术家共同关注的重要学术领域，科学史与相关学科有融合的趋向，这也是综合的一种表现。再次，科学史内部一些研究领域的综合，科学思想史与科学社会史之间的交流和借鉴。例如，科学概念的进化、交叉学科的涌现与社会对科学的需求、自然科学的社会化是分不开的。自然科学之间、自然科学与社会科学之间的综合、科学史研究的综合，使得科学发展研究向更高层次的飞跃。最后，科学史与科学哲学、科学社会学、知识社会学等相关学科之间交叉融合，呈现出整体发展的格局。

在这种时代背景下，科恩的著作不断地被引进中国。科恩的《牛顿传》《科学中的革命》《牛顿革命》等在20世纪80～90年代先后被译成中文。这为科恩论著在中国产生影响奠定了基础。从引证的论著看，科恩论著在我国产生的影响比较晚，开始于20世纪90年代，主要集中于科学技术哲学、学科史领域（表1-9）。

表1-9 我国对科恩论著引证主题分类统计表

年份	科学与社会	科学与教育	人物	科学思想史	学科史	科技哲学	专题史	合计
1996～2000年	1	–	–	–	1	–	–	2
2001～2005年	5	2	3	6	7	26	3	52
总计	6	2	3	6	8	26	3	54

首先，这同我国对科恩论著的翻译进程有很大的关系。科恩第一部著作被翻译成中文是在1989年，由科学出版社出版了葛显良翻译的《牛顿传》；第二部被翻译的著作是在1992年由军事出版社出版的杨爱华等翻译的《科学革命史》，1998年该书由鲁旭东等翻译由商务印书馆出版，更名为《科学中的革命》；1999年由江西教育出版社出版了科恩的译著《牛顿革命》。由于科恩著作引进的迟缓，科恩论著在我国产生的影响比较晚，影响的范围也比较窄，明显落后于在国外产生的影响。

其次，科恩论著对科学技术哲学的发展产生了重要的影响，主要体现在国内对科恩《科学中的革命》和《牛顿革命》的引证。科恩从历史角度研究科学革命，这使科学技术哲学工作者重新反思科学革命发生的机制，掀起新一轮研究科学革命的热情。国内的很多学者评价了科恩的科学革命理论。

最后，科恩论著对学科史产生了重要的影响，主要体现在对科恩物理学方面的论著进行的大量引证。一方面，这与科恩论著包含翔实的原始资料有很大的关系；另一方面，这与科恩主要研究牛顿有很大的关系。

总之，我们通过对科恩科学史论著的计量分析，一方面反映了国内对科恩研究的重点和特征，对我国科学史研究具有重要的借鉴价值，另一方面反映了我国对国外科学史引进的历程还需进一步加速。同国外相比较，可以看出，我国学者对科恩论著的研究比较晚，从 20 世纪 90 年代才开始，比西方晚 30 年，而且引证次数也比较低。显然，国内对科恩的研究明显晚于国外，并且对他的研究集中于对他的革命著作的翻译和对他的革命思想的评价，研究范围也比较窄。这正是笔者选题的原因所在。

（四）纪念科恩教授的论文

科恩虽然没有来过中国，但是他的著作、思想及方法在中国产生了很大的影响。科恩去世后，国内很多学者通过论文等形式纪念这位科学史大师。

清华大学刘兵教授在《中华读书报》2003 年 7 月 30 日发表一篇题为“献身科学史的一生——科恩生平及著述”的纪念性文章，回顾了科恩学术生涯及对科学史所作的贡献。他主要分析了两个方面：一是科恩对科学史所作的贡献；二是国内对科恩科学革命著作的翻译过程，即《牛顿传》《科学中的革命》《牛顿革命》的翻译情况。刘教授认为“科恩最为看重的是其历时 15 年翻译而成的牛顿的《自然哲学的数学原理》一书的英译本”①，并分析了科恩论著在中国产生的影响。

王文佩将乔治·史密斯（George Smith）和埃弗里特·门德尔松合撰完成的关于科恩辞世的讯息及其生平事迹进行翻译，并公布于网上，主要回顾了科恩的求学历程，以及他作为科学史学家、社会活动家所作的贡献。但是，他的翻译不是很准确，有些语句不通。还有一些学者通过网络纪念科学史大师科恩。

总之，国内对科恩的研究在某些领域已取得一定的成果。从研究形式、研究内容等方面看，国内对科恩的研究明显落后于国外研究，对他的研究主题、思想与方法等需要进一步研究。这对促进我国科学史发展具有重要的指导意义。

① 刘兵. 献身科学史的一生——科恩生平及著述 . 中华读书报，2003-07-30.

第三节 研究思路与方法

本书建立在语境方法基础上，对科恩的科学编史主题、思想与方法进行研究。在研究过程中，笔者不仅系统地研究了科恩科学史论著，而且查阅了大量的关于科学编史学方法的资料，如内史方法、外史方法、综合史研究方法等。通过比较分析概括了科恩的科学编史主题、思想与方法。从史学理论、哲学理论、方法论等层面，分析科恩的科学编史主题、思想与方法，体现他对前人的继承与超越的特征。

史学层面，通过编目方法和证据法，在整理科恩论著、书评基础上，阐述了科恩科学史研究主题及其特征，概括了他的研究主题、思想与方法等重要内容的来源、形成与发展过程，并通过证据法分析了科恩科学编史主题、思想与方法的影响。

哲学层面，在史学研究基础上阐明科恩科学史研究中历史性与逻辑性、科学性与社会性相统一的过程，并分析科恩科学编史思想与方法对科学哲学、科学社会学产生的影响。

方法论层面，在系统整理科恩论著、书评基础上，研究科恩的科学编史方法，并分析科恩科学编史方法的继承性与突破性。

本书尝试运用广义语境方法、证据方法、编目方法、引证原始材料方法，并借鉴相关学科的研究方法，如史学叙述法、图表法等，尽量做到各种方法相互补充，不相抵触，尽量做到对科恩研究的全面、客观、翔实。

第四节 难点与创新之处

科恩作为综合史大师，他的科学史研究领域之广，论著之多，形式之多样，使研究科恩有很大的难度。具体来说表现为以下几个方面。

第一，全面收集资料的困难性。科恩是美国人，国内的英语资料不多，要全面系统地收集关于他的资料比较难。收集资料花费了笔者很多时间。笔者通过网络、馆际互借、现场查阅等多种形式，收集国内现有的资料和国外他所发表的大量的论文、著作、书评，以及别人对他的书评、别人对他的纪念性论文等。

第二，翻译的困难性。科恩的论文以英语为主，翻译过来的论著非常少。

笔者花费了大量时间翻译他的论文、著作、书评、别人对他的书评和关于他的纪念性论文。在翻译过程中，不断地了解科恩的科学史编主题、思想与方法。

第三，涉及领域的广泛性。作为综合史大师，科恩研究的领域非常广，涉及学科史、人物研究、*Isis* 研究、科学与社会、科学史教育等，需要在翻译基础上概括他多元发展的路径与特征，这也是很困难的。

第四，相关性研究的重要性。科恩是萨顿的学生、柯瓦雷进行牛顿《原理》研究的合作者，萨顿和柯瓦雷的思想在影响着科恩，因此需要研究他们之间的继承与突破关系。这就需要查阅相关证据考证他们之间的继承性与突破性。这也是很困难的。

第五，影响的广泛性。深入挖掘科恩的科学编史思想与方法的影响要涉及科学、历史学、政治学、社会学等许多领域。这给研究带来了极大的困难。科学史作为科学与历史交叉的学科，本身具有历史性和科学性的双重特征。科恩论著影响之广，要求笔者掌握历史、科学、哲学等相关学科的知识。

本书在研究内容、研究方法等方面进行了一系列创新。

创新之一：比较完整地收集了关于科恩的资料。资料的全面性是做好科学史研究最基础和最重要的一步。通过网络、国家图书馆电子资源等途径，收集了科恩所写的论文、著作、书评，以及别人对他的书的评论、引证和纪念性文章等，尽量做到资料的全面性与系统性。

创新之二：挖掘科恩的科学史研究主题特征。作为综合史大师，科恩的综合性体现在哪些方面，这需要通过证据法考证和概括他的综合性特征，而对他的研究主题的概括最能反映他的综合性研究特征。

创新之三：综合分析科恩的科学编史思想。作为综合史大师，科恩的科学编史思想在科学编史领域占有很重要的地位。国内还未曾有人对他的科学编史思想的来源、特征进行系统的分析。本书将系统研究科恩的科学观、科学革命观、科学史观等。

创新之四：研究科恩科学编史的方法，特别是他的广义语境分析方法。科恩将科学放入广义的认知、历史、科学和社会语境中进行研究，并同时采用证据法、编目法、概念分析法、引进原始材料法研究科学史。这对当代科学史研究具有重要的方法论指导价值。

创新之五：通过证据法，研究了科恩科学编史的主题、思想和方法的影响。主要通过对相关的书、书评、引证资料等分析的基础上概括科恩产生的影响。这为全面系统地分析科恩的科学编史主题、思想与方法提供了重要价值。

第五节 本书基本框架

第一章为导论部分，主要研究了选题的意义，科恩论著书评特征，本书主要创新之处及其难点，本书所采用的主要方法及结论。

第二章阐述科恩科学编史学思想与方法形成的背景。科恩是 20 世纪科学史巨匠、萨顿的学生、柯瓦雷进行牛顿《原理》研究的合作者。他的科学编史思想受到科学家、科学史学家及科学史发展水平等因素的影响。

第三章分析了科恩科学编史思想与方法产生的研究基础。科恩对科学史的贡献主要表现在他的著作、论文、书评中。通过对他论文、著作、书评的分析，可以梳理出他研究主题不断变化的特征。总体上，科恩的科学史研究主体涉及四个方面：人物研究、科学与社会研究、科学史教育、*Isis* 编辑工作等。对科恩研究主题的分析是科恩科学编史思想与方法产生的研究基础和重要体现。

第四章阐释了科恩的科学编史思想。主要从科恩科学进步观、科学革命观和科学史观等方面进行研究，以探索科恩科学编史思想。科恩科学编史思想体现了当代科学发展的多维度性和复杂性，是一种语境论编史思想。

第五章剖析科恩科学编史方法。科恩的科学编史学方法一方面体现了对萨顿、柯瓦雷等科学史学家研究方法的继承与改造，另一方面体现了他独有的综合编目引证法、四判据证据法和语境整合法。科恩科学编史方法对综合史研究具有重要的现实意义。

第六章探析了“科恩风格”的形成及其影响。科恩科学编史思想与方法的精髓可概括为“科恩风格”。“科恩风格”体现了综合性、同一性、革命性与开放性特征。“科恩风格”对当代科学史研究具有重要的现实意义，而且它对科恩的学生和同事、同行产生重要的影响。

总之，作为 20 世纪综合史大师，科恩的综合史研究主要是通过广义语境实现的。语境不仅是 20 世纪科学哲学研究的主要领域，而且对科学史研究具有重要的方法论意义。对科恩科学编史思想与方法的研究，使我们认识到 21 世纪综合科学史研究实现的重要途径就是语境思想与方法的广泛运用，也体现了科学哲学对科学史的重要影响。

第二章 科恩科学编史思想与方法形成的背景

科恩是20世纪科学史巨匠，萨顿的学生，柯瓦雷牛顿《原理》研究的合作者。他的科学编史学思想的产生受到当时的社会因素、科学史发展水平及前辈的影响。根据科恩的研究传统，考证一个方法或原理是自己首创的，还是在继承前人，是需要证据的。哪些科学史学家对科恩产生了影响，我们需要证据来判断。笔者认为证据来源于三个方面：一是当事人的直接陈述；二是有证据表明当事人看过前人的研究成果，或者有对前人研究成果的评论；三是当事人研究成果中应用了前人研究传统。基于这三个方面的证据笔者研究了科学家、科学史学家、科学及科学史发展，以及其他因素对科恩的影响。

第一节 科学背景

近代科技革命以来，科学与社会之间的关系越来越紧密，科学与社会领域的政治、文化、文学、战争等多领域存在相互作用关系。科恩作为20世纪成长的科学史学家，科学的国家化、科学在战争中的应用、自然科学与社会科学的融合、公众理解科学、科学史教育等对科恩产生了重要的影响。

一、科学的国家化进程对科恩的影响

科学与政治的关系问题在16世纪已经存在。16世纪，哈维（William Harvey）首先将他的《血液循环学说》（*Blood Circulation Theory*）应用于政治学。“生物的心脏是生命的根基。同样的，国王是英联邦权力和控制的中

心。”[①] 当时哈维的血液循环学说还影响了哈林顿的政治思想。“哈林顿利用哈维的思想形成了他自己的国家原理。”[②]

17～18世纪，牛顿《原理》影响了政治。当时英国的政治思想里包含了牛顿的机械思想，甚至当时英国的政治管理以牛顿思想为模型。而且牛顿《原理》传播到美国，影响了美国的政治家。

19世纪以来，科学与政治的关系从思想层次走向物质层次。科学的发展越来越需要政治的支持，而政治的发展也需要科学的支撑。

第一，随着大科学时代的到来，科学研究的经费需要国家或社会的支持，国家的发展也需要科学的帮助，这加速了科学与政治的联系。在美国，每年政府在科学研究方面的预算，大致决定了年度科技政策的走向。

第二，科学家群体不断转向政治家群体，使科学与政治之间的关系变得越来越复杂。随着大科学时代的到来，科学越来越成为国家行为。而纯粹的文人由于缺乏科学背景，实现对科学的管理明显力量不足，在这种背景下，出现了科学家群体向政治家群体的转变。富兰克林是一位从科学家转向政治家的代表人物。

第三，社会问题的复杂化使科学与国家之间的关系越来越要求走向一体化。20世纪以来，世界范围的人口问题、环境问题、资源问题、生态问题等成为各国政府都需要承担的政治责任。而这些问题的解决在很大程度上需要科学的支持，特别是科学家与政治家的联姻。科学与政治的关系由最初的分离走向统一，由思想领域的合作走向实质性的物质与人才领域的合作。虽然科学与政治的信念不同，科学信仰求实创新，政治信仰公众利益和国家利益，但是它们在促进人类事业的发展上是一致的。这种一致性使政治家与科学家都需要有责任感。

正是科学与国家关系越来越复杂化，研究它们之间的历史关系当然是科学史研究的内容。科恩在对富兰克林研究的过程中，发现了科学与政治之间的关系问题。在其后的时间里，科恩还研究了科学对美国建国之父们的政治思想的影响，以及美国科学与政治之间的关系问题等。他的这些研究直接来源于历史中科学与政治之间的关系，科恩通过历史证据法、案例法、引证分析法等从历史角度研究了二者之间的关系问题。

① Cohen I B. Harrington and Harvey：A theory of the state based on the new physiology. Journal of the History of Ideas, 1994，55（2）：190.

② Cohen I B. Harrington and Harvey：A theory of the state based on the new physiology. Journal of the History of Ideas, 1994，55（2）：187.

二、科学在战争中的应用对科恩的影响

科学与战争之间的关系最明显的是，二战期间“科学”进入了职业政治家分配权力的名单，科学与战争在很多方面联系在一起。

首先，科学事业的发展受到战争的影响，同时科学影响着战争。二战期间，青霉素和雷达的发明，以及奥本海默组织的曼哈顿工程、信息论、控制论最初的发展都是来源于战争的需要。同时，科学成为战争的重要支持者，科学被应用于战争的程度直接影响着战争的进程。二战期间已凸显科学在战争中的威力和作用。

其次，科学家成为服务于战争的重要群体。“当年，搞原子弹的决策，是作为科学家的爱因斯坦给作为政治家的罗斯福建议的结果。”[①] 哈佛大学校长科南特（James B. Conant）[②] 也参加了这一计划。当时，科学家的成果得到广泛认可。但是，也给人类造成很大的灾难，如原子弹被应用到战争带来的毁灭性结果等。对于科学应用于战争带来的负面后果，科学家往往受到责备，似乎科学家应对战争负责，这显然对科学家是不公平的。鉴于人们这种偏见，科恩研究了第一次世界大战（简称一战）到二战期间，科学家、政治家在战争中的责任问题。

最后，科学与战争的关系促进了当代美国科技体制的形成。美国的科技发展规划、每年科研经费的分配、科学研究人才计划的制订、国家自然科学基金的审批等都成为美国科技体制很重要的内容。

科恩 1937 年考上博士，由于战争的原因在 1947 年才取得博士学位。他目睹了科学在战争中被应用的现实。因此，科学与战争究竟是如何作用在一起的，不同群体应承担什么责任，显然是一个很重要的问题。在 20 世纪 40 年代，科恩研究了科学与战争相关的一些论题。

三、自然科学与社会科学融合对科恩的影响

19 世纪末 20 世纪初出现了自然科学内部分支学科之间相交叉的第一代交叉科学，如物理化学、生物化学等，称为单元交叉型；两次世界大战期间，自然

---

① 李宁．科学与政治二题．民主与科学，2009，(4)：6-8.

② 科南特（1893-1978），1914 年在哈佛大学取得化学方面的博士学位，从事物理化学和有机化学的研究 .1933 ～ 1953 年他任哈佛大学校长，在此期间，他推动了科学史学科的发展 .

科学开始与技术科学相交叉，称为第二代交叉科学，即二元交叉型；20 世纪 60 年代，由于一些科学问题、社会问题的提出需多学科综合研究来解决，这就导致了自然科学、社会科学、工程技术科学汇流的第三代交叉科学，即多元交叉型。自然科学与社会科学之间的交叉与融合过程成为 20 世纪自然科学发展的显著特征之一。

作为科学史学家的科恩，不仅知道这种现象，而且从微观上研究了自然科学与社会科学的关系问题。科恩分析了自然科学通过类比、隐喻等方式被应用于社会科学的过程，同时还分析了社会科学对自然科学的影响。1994 年科恩写了一本书——《自然科学与社会科学：一些重要的和历史的观点》(*The Natural Sciences and the Social Sciences: Some Critical and Historical Perspectives*)，以及相关的一些论文。

四、公众理解科学对科恩的影响

第二次世界大战后，科学逐步从军用领域向民用领域转移，科学社会化与社会科学化走向融合。科学与社会的这种发展趋向要求科学从科学家群体走向一般公众。

第一，科学的发展需要社会的支持。科学发展所需要的经费越来越多，而很多经费来源于社会。发达国家每年用于科研的经费占 GDP 的 4% 以上，发展中国家科学研究的经费也在不断上升。

第二，科学是人类的仆人，我们应最大限度地摆脱科学的控制。特别是当代生物科学的发展存在很多的伦理问题。这样一来，科学的应用程度和应用领域应该由社会来决定，它不是政治家和科学家所能决定的。社会选择将成为科学发展途径的直接决定者。

第三，社会科学化进程不断加速，作为付账的外行人，一般公众有理由知道科学的发展领域以及其被应用的过程。而这些往往都被研究者所忽视。有些人认为科学是科学家的事情，有些人认为科学是政治家的事情，而忽视付账的外行人。

正是基于科学发展的重大支持者是一般公众。科恩写了很多论著使外行人能够了解科学。例如，20 世纪 40 年代科恩写了《科学与人类的仆人：科学时代门外汉的入门书》，后发表了艾肯在计算机方面所作的贡献等文章和专著。在科恩看来，科学时代一般公众应该理解科学，倡导科学。这也是科恩不仅关注 18

世纪的科学发展，而且关注当代科学发展的原因。他想让更多的人知道当代科学发展的机制和特征。

概言之，正是当代科学的社会化和社会的科学化趋向，使科学与社会在多方面相交叉与融合。正是科学发展的这种特征影响了科恩，使科恩在这些方面都做了深入的研究，这也铸就了他作为综合史大师的地位。

第二节　史学背景

20 世纪科学史研究特征与风格影响了科恩。一方面，科学史与科学哲学的联姻影响着科恩；另一方面，20 世纪科学史研究风格的变化影响着科恩。

一、科学史与科学哲学联姻对科恩的影响

我们要认识事物，就需要从事物与其语境的关系中把握。语境（context）从词源上讲，“指某一事物的意义存在于与其周围事物的关联之中，即在相互关联中理解某一事物，而不能孤立地去理解它”[①]。语境作为20世纪科学哲学领域中的重要概念，主要指语形、语义和语用的统一，而它们的统一表现了 20 世纪科学哲学发展的一种趋向。“语境的确是一个重要的范畴和有意义的方法论支点，但它必须与存在的概念相一致。只有在一个相关的语境中，才能发现事物的本质和存在。”[②]科学哲学的转向产生了语境分析方法，最初的语境分析方法是在语言层次上的运用，表现为语形分析、语义分析和语用分析方法的运用。

作为人类社会发展的决定力量，科学的发展过程涉及科学的、社会的、历史的、文化的等多方面的因素。贝尔纳（J.D. Bernard）认为：“科学是一种建制；一种方法；一种积累的知识传统；一种维持或发展生产的主要因素；构成我们的诸信仰和对宇宙和人类的诸态度的最强大的势力之一。”[③]可见，科学的发展过程是在多语境中进行的。不仅涉及语言层次，而且包括历史的、社会的、科学的等不同语境。

科学发展的语境性促进科学史研究走向更高层次的综合。实现这种研究的综合性最主要的手段和方法就是语境分析方法。语境分析方法不仅可以实现内

---

① 魏屹东．广义语境中的科学．北京：科学出版社，2004：14.
② 郭贵春．“语境”研究的意义．科学技术与辩证法，2005，（4）：1-4.
③ 贝尔纳．历史上的科学．伍况甫等译．北京：科学出版社，1981：5-6.

史与外史、辉格式与反辉格式、历时性与共时性的综合，而且可以从语境论分析综合性的科学观、科学史观、科学史研究的价值等。

科恩受语境分析的影响，在他对科学史研究的过程中应用了语境分析方法。他主要将科学史研究放入广义的历史、科学、社会等语境中进行研究，实现科学史研究的实践性、客观性与现实性的统一。科恩在《科学中的革命》一书中提到科学发展的语境性。科恩在对牛顿研究过程中，不仅在狭义语境即语言语境中分析了牛顿革命和牛顿风格，而且在广义的历史、科学和社会语境中对其进行研究。

由于语境分析方法的广泛使用性，科恩突破了传统语言、社会、历史、科学等分离语境研究科学史的局限，在更广泛的语境中把握科学的发展规律和发展特征。

二、科学史研究风格的变化对科恩的影响

科学史作为一门新兴学科，经历了积累、萌芽、开创和形成阶段。古希腊时期的一些著作，如追溯有关的人物和事件，以及古代中国类似的记载，在今天看来也称得上是科学史的研究工作。严格意义上的科学史研究比较晚，18 世纪出现了以各门学科为对象的学科史著作，到 19 世纪则有了最初的综合性科学通史。通常认为，真正具有现代专业形态的科学史研究到 20 世纪初才出现。

20 世纪以来，科学史学科的发展经过了从依附于哲学向独立化方向发展的趋向。科学史在独立化发展过程中经过了从内史向外史、综合史发展的历程，同时受到科学哲学、科学社会学、科学知识学等学科的影响，而这种影响也折射到科恩身上。

（一）科学史研究从内史向外史、综合史转向

20 世纪初，科学史研究以内史为主，代表人物是柯瓦雷，注重科学理论演进的逻辑关系，默认科学发展有其自身的内在逻辑。而科学的发展过程不仅是科学理论内部不断发展的过程，而且与社会因素之间的关系越来越紧密。从研究对象看，1931 年苏联科学史学家黑森（B. Hessen）发表的《牛顿〈原理〉的社会经济根源》论文标志着外史研究的兴起，即着重科学外部的社会环境与科学相互作用的历史事实，这是外史的本体。20 世纪 70 年代末，外史研究逐步占了上风。正如马尔特霍夫（R. P. Maulthauf）在谈到他担任 *Isis* 杂志主编 15

年（1964～1978年）的感触时所说的那样，对笔者影响最深刻的事件是科学史研究逐渐从内史转向了外史。“20世纪80年代末国外科学史研究侧重于科学与社会互动关系的外史研究，倾向于当代和近代问题的研究。”[①]无论内史研究还是外史研究，都不能全面地反映科学发展的客观过程。内外史的分离研究只会使科学史处于片面的、孤立的研究之中。著名的科学哲学家伊姆雷·拉卡托斯（Imre Lakatos）认为“科学史的内部历史优于外部历史，前者是理性的，后者是非理性的”[②]。也就是，他强调科学史的内史研究，而且认为内史与外史有不同的重要性。哈佛大学科学史教授史蒂文·夏平（Steven Shapin）认为科学史的内、外史之分是没有意义的。但是，从系统论角度看，科学史以科学为研究对象，科学的发展过程本身涉及科学内部因素和外部因素，科学发展过程是内部因素与外部因素相互作用的结果。极端地分离二者或完全消解二者之间的界限都是不符合科学发展的客观过程。要解决这种局面，必须通过综合史研究使二者实现有机、完整的统一。近些年来，科学史研究出现了综合史研究趋向。

科学史的这种综合研究趋向深深地影响着科恩。科恩在担任*Isis*杂志主编期间，增加了科学与社会方面的论文。科恩通过研究科学家、科学史学家实现了科学内史、外史的综合性研究。科恩不仅从内史角度研究了牛顿的科学思想，而且从外史角度研究了牛顿科学思想对18世纪的政治、文化、文学等领域产生的影响，实现内史与外史研究的有机统一。科恩对富兰克林的研究也是将内史与外史研究有机地结合在一起。

（二）科学史研究中辉格式与反辉格式解释传统的并存

“辉格式的历史”原指英国辉格党人的史学传统。20世纪初英国历史学家巴特菲尔德（Herbert Butterfield）将此概念引入科学史。

显然，辉格式研究容易带有主观色彩，容易造成歪曲历史的窘境。这不符合历史研究的主旨。而极端的反辉格式研究传统要求科学史的研究应完全还原历史，不应加一些个人的判断，这又容易使科学史研究回到编年史阶段。显然，科学史研究不可能再回到过去描述历史的阶段。解释历史客观上要求关注应如何在保证历史本来面目的基础上进行判断。这就需要在辉格式与反辉格式之间保持必要的张力。

科恩主张以反辉格式传统研究科学史。在他的书评中，他反对一些科学史

---

① 方敏．对两份有影响的科学史杂志的内容分析．科学技术与辩证法，1992，(4)：25-29.
② 杜严勇．科学史的合理重建与社会学重构．科学技术与辩证法，2007，(1)：93-95.

研究者采用辉格式的研究传统。但是，科恩在他的《科学中的革命》中实现了辉格式与反辉格式研究的辩证统一，体现在他提出的四个判据。在他看来，科学革命的发生不仅需要科学革命发生当时的资料，而且还应考虑当代科学家的看法。显然，这种认识是在二者之间保持了必要的张力。这种张力使科恩实现了辉格式与反辉格式研究的综合。

（三）科学史研究中历时性与共时性分析方法的共存特征

科学史作为史学的一部分，存在历时性与共时性两种研究传统。历时性体现为从纵向上研究科学史，如科学编年史、科学通史等。共时性体现为在横向上研究科学、社会横向之间的关系问题。例如，很多科学史学家在研究某一时期科学与社会的关系问题时，多采用共时性研究方法。共时性研究多是对断代史在多语境中的研究。科学作为一项社会事业，在它历时性的发展过程中，与社会的各种因素共同作用在一起，形成历时性与共时性的有机统一。而科学史研究将历时性与共时性分开进行研究不符合科学发展的客观过程。现在存在一个问题：历史学家为什么不能在历时性研究的同时采纳一些共时性研究的方法，实现历时性与共时性的有机统一？

作为科学史学家，科恩也面临如何实现科学史研究中历时性与共时性的统一问题。科恩在最初对富兰克林、牛顿进行研究时，采用共时性方法，分析富兰克林的科学思想及其产生的影响。20 世纪 80 年代，科恩在《科学中的革命》一书中，通过语境分析方法实现了历时性与共时性的统一。首先，科恩在科学、历史和社会语境中概括出科学革命发生的四个阶段和四个判据。其次，科恩分析了 17 ～ 20 世纪科学中发生的革命，从历时性角度研究科学中的革命。最后，科恩对每一次可能发生的革命，通过四个阶段和四个判据进行共时分析。这样一来，通过语境分析方法，科恩实现了历时性与共时性的统一。

从以上分析可以看出，20 世纪科学史研究的特征及其困境都在影响着科恩。科恩通过使用语境分析方法实现了科学史研究内史与外史、辉格式与反辉格式、历时性与共时性的有机统一，为综合科学史研究提供了方法论。他本人正是通过语境分析方法实现科学史的综合性研究。

三、科学史教育对科恩的影响

科学的社会化和社会的科学化发展趋向，也在不断地影响着科学史教育。

以美国、英国的情形为例。1970 年，美国出版了一部科学史教材《改革物理学教程》(*Reform of Physics Tutorial*)，供中学生使用；1989 年，美国促进科学协会发表《普及科学——美国 2061 计划》(*Popularization of Science —— United States 2061*)的总报告，建议在教育中加入科学史内容；1994 年，美国国家研究委员会通过了《国家科学教育标准》(*National Science Education Standards*)，将科学史教育贯穿在从小学到高中的教育过程中。近 40 年来，美国最受欢迎的中学理科教科书都充分地反映出科学教育和科学史教育相结合的倾向。在英国科学史教育可以追溯到 1851 年。在实践方面看，英国设计了一些科学史教材，但科学史教育没有形成大的气候。科学史教育的变化受到科学发展趋向的影响。而作为科学史教授，科恩在不断地创新科学史教育的内容与形式。

第一，当代科学发展的加速化，要求科学史教育不能仅仅停留在对古代、近代科学发展的教育，应将现代科学发展放入科学史教育中。二战以前，美国的科学史教育不被重视，而且萨顿的很多科学史教育侧重中世纪。二战期间，在科南特的支持下，科学史教育成为一般课程。科恩讲授了“科学革命”“物理学史”等专题。这都是科学时代发展对科学史教育的要求。

第二，当代科学发展的社会化进程要求科学史教育不能只停留在关于科学家的一些个人事情上，就像萨顿讲科学家故事一样。它要求研究科学家的科学思想、科学与社会的关系问题。这样一来，科学史教育内容从内史逐步向外史和综合史方向发展。而作为综合史大师，科恩在科学史教育过程中讲授科学思想史、科学与社会的关系问题。

第三，现代科学发展要求科学史教育手段的创新。传统的讲授式教育很难吸引住学生。这就要求通过现代网络、音响资料等手段实现科学史教育形式的创新。而科恩正是这一创新的实践者。

正是当代科学发展的趋向影响着科学史教育，同时也影响着作为科学史教育方面专家的科恩。科恩写过《科学的通识教育》，以及关于美国科学史教育存在的问题、哈佛科学史教育发展的过程等一系列论著。科学史作为以科学为对象的史学，科学发展的特征直接决定了科学史发展的特征。如果脱离当代科学发展的特征，在孤立的环境中进行科学史教育显然是不现实的。

第三节　学术背景

作为哈佛大学理科生，科恩一方面在本科期间学习了数学、物理、化学等学科内容，相关学科的老师对他的科学史研究产生了重要影响；另一方面，科恩从事科学史研究之后，他的老师及合作者等对他产生了重要影响。

一、科学家对科恩的影响

（一）数学家伯克霍夫对科恩的影响

科恩在哈佛大学上学时希望成为化学家。1937年科恩大学毕业，获得的却是数学方面的学位。大一、大二时，科恩接受了数学、物理和化学等学科的教育。科恩上大二时的力学课程由美国著名的数学家伯克霍夫讲授。伯克霍夫对科恩产生了重要的影响。这可由科恩本人的论述作为证据。“伯克霍夫对我其后的工作很重要。”[①] 因为伯克霍夫的兴趣在牛顿，他有很多关于牛顿的评论。“这对我以后写牛顿和最终的科学史事业产生重要的影响。”

（二）天文学家门泽尔对科恩的影响

科恩在大学期间，还学习了天文学方面的课程。在天文学方面，科恩上了唐纳德·门泽尔（Donald Menzel）天文学方面的课程，使科恩对牛顿的天文学有了比较深刻的理解，同时也使科恩对研究牛顿产生了兴趣。

（三）物理学家赖曼、科南特对科恩的影响

在物理学方面，科恩很幸运。他向美国著名的物理学家赖曼（Theodore Lyman）学习光学，向肯布尔（E.Kemble）学习电磁理论，向奥尔登堡（Otto Oldenburg）学习分光器及其他理论。天文学、物理学方面受到的教育为科恩研究牛顿的科学思想提供了科学背景。

20世纪40年代，科恩开始与哈佛大学校长科南特一起工作。科南特是个大名鼎鼎的人物，他参与组织和领导了制造原子弹的曼哈顿工程。在科南特的支持下，科学史在哈佛大学取得了重要的发展。首先，科南特积极推动了哈佛大学科学史学科的发展，使科学史成为通识教育（general education）课程。科恩是这个过程的积极倡导者和推动者。因为科南特的支持，科恩的一些想法成为现实。科恩为本科生讲授“物理科学的本质与发展”，后讲授“科学革命”。其次，科南特重视科学发展的内在机制和智力方面，而不是强调外在的

① Cohen I B. A Harvard Education. Isis，1984，75：14.

社会学、经济学和政治学等的作用。这也影响了科恩，使科恩很重视对科学思想史的研究。

二、史学家对科恩的影响

科恩是萨顿的学生，与柯瓦雷合作研究牛顿。科学史学家的编史思想与方法都在影响着科恩。

（一）萨顿对科恩的影响

科恩在大学低年级时上过萨顿的科学史方面的研讨班。“这个课程我上得很好，我是唯一的大学生上这种毕业研讨班。”[①] 这也充分说明科恩比较喜欢科学史。20 世纪 40 年代，科恩担任 *Isis* 编辑与主编，萨顿的 *Isis* 编辑风格影响着科恩。科恩不仅继承了萨顿的编目方法，而且对其进行了改造。作为萨顿的学生，科恩的研究主题也受萨顿的影响，如科恩对科学史教育、富兰克林的研究直接来源于萨顿的影响。

萨顿作为著名的科学史学家，1915 年开始在华盛顿大学讲授科学史，随后的 1916 ～ 1951 年在哈佛大学讲授科学史，1940 年被哈佛大学任命为科学史教授。萨顿制订了完整的科学史专业的教学计划和博士学位研究生的教学方案。1936 年在哈佛大学设立了科学史的哲学博士学位。1947 年萨顿指导科恩完成了他的博士学位论文。作为萨顿的学生，萨顿的研究方法、研究领域等都影响着科恩。

1. 萨顿对科恩科学史观的影响

“从单纯研究自然科学转向自然哲学和科学史的研究，这是萨顿在大学时代隐含的一个重要特点。”[②]1940 年起，萨顿开始实施他“全部知识的综合，使科学史成为联系科学与人文主义的桥梁”的创业活动。萨顿一直致力于综合的研究，这也影响了科恩。科恩被誉为综合史大师。但是二者综合的程度是不同的。萨顿侧重自然哲学与科学史、科学史与人文主义的综合，而科恩在认知、历史、科学、社会等广义语境中研究科学史，实现科学史的综合研究。显然，科恩的科学史研究在真正意义上实现了科学史的综合性研究。

---

① Cohen I B. A Harvard education. Isis，1984，75（1）：14.

② 魏屹东．爱西斯与科学史．北京：中国科学技术出版社，1997：28.

2. 萨顿对科恩研究内容的影响

萨顿还是个理科大学生时，就对科学史发生了兴趣。当他在看关于孔德（Auguste Comte）、塔纳里（P. Tannery）、迪昂（P. Duhem）和彭加勒（Jules Henri Poincaré）的著作时，发现竟没有一个科学家的个人传记令他满意。因此，萨顿很重视对人物的研究，他介绍了大多数生活在欧洲和亚洲的人。他对人物研究影响着科恩。科恩研究的主要领域之一就是人物研究，包括对著名科学家和科学史学家的研究。科恩研究了牛顿、富兰克林、艾肯、萨顿、柯瓦雷等。但是，二者有一个很重要的区别是萨顿重视对科学家生活、研究方法的研究，而且多是那些献身于收集资料，为增加人类总的知识而默默无闻工作的人。而科恩重视对科学家和科学史学家科学思想史的研究，包括科学家、科学史学家研究风格、研究方法及其影响等。

3. 萨顿对科恩研究方法的影响

萨顿关于教科书研究的论文影响了科恩关于教科书的编写。1948年，“萨顿出示我他的关于科学教科书的论文，提示我研究18世纪物理教科书”[①]。在萨顿的影响下，科恩对于教科书的研究形成了自己的一些观点。他的一些观点现在看来还是很必要的。

萨顿致力于科学史两个方面的研究：完整科学史的写作和创办一个致力于该主题的杂志。*Isis* 的创办成为科学史研究的专业杂志，它的主要特征是具有系统的重要的参考书目。萨顿在1913～1952年担任 *Isis* 的主编，编辑了 *Isis* 第1～43卷，共134期，是历任主编中任期最长的一位。萨顿的 *Isis* 编目内容和方法影响了科恩。科恩后来不仅成为 *Isis* 的主编，而且对 *Isis* 的重要编目做了重要修改。

一方面，萨顿的 *Isis* 编目内容影响了科恩。萨顿将 *Isis* 的内容分为八部分：“科学史基础研究；近期科学史文献汇编；经典科学著作或论文研究；考古性图片或图解说明；专业新闻；书评；论文评论；编者评论。”[②]科恩作为 *Isis* 的第二任主编，在继承萨顿的基础上，增加了科学史教学与教育、科学与社会、物理学史、书评等内容。

另一方面，萨顿的 *Isis* 编目方法影响了科恩。科恩在继承萨顿的基础上，对

---

① Cohen I B. Reviewed work(s): Einstein, his life and times by Philipp Frank, George Rosen, Shuidi Kusaka. Isis, 1948, 38 (3/4): 252-253.

② 魏屹东. 爱西斯与科学史. 北京：中国科学技术出版社，1997：57-58.

重要文献目录进行了改进，使 *Isis* 处于变革之中。另外，萨顿的文献编目方法、内容容量分析方法、引证说明与分析方法等都影响着科恩。

总之，作为萨顿的学生，萨顿的科学史观、研究主题、研究方法、*Isis* 编目方法等都深深地影响着科恩，为科恩以后在科学史领域立足奠定了坚实的基础。

（二）柯瓦雷对科恩的影响

科学史研究产生于 18 ～ 19 世纪，当时的研究多是记述式的。而 20 世纪与以前科学史研究很大的不同是强调科学思想史研究。柯瓦雷作为 20 世纪著名的科学史学家，他在 1942 年参加皇家学会纪念牛顿诞辰三百周年世界科学国际大会上就已经有了此想法，对所有 17 世纪的伟大科学家的著作、信件的完整研究中唯一缺乏的就是牛顿，填补这一空白将是纪念这位伟人的最佳形式。科恩与柯瓦雷于 1956 年在佛罗伦萨、比萨、米兰召开的第八届科学史大会上讨论研究牛顿的可能性。柯瓦雷在 1962 年秋天就病倒了。1963 年 6 月，科恩最后一次去看望柯瓦雷，他们用了一周的时间讨论牛顿。遗憾的是，柯瓦雷没来得及完成这本书。后来的任务就落在科恩身上。柯瓦雷去世后不久，牛顿《原理》的评论版本基本完成，在印刷和最终的校对和修订工作完成后，最终于 1965 年得以出版。

科恩在 1966 年一篇关于柯瓦雷的评论中分析了柯瓦雷的研究风格，柯瓦雷将概念分析方法引入科学史研究，并在 1937 年开始使用概念分析方法研究伽利略，并坚持反辉格式的研究传统。他的研究风格影响了科恩。

1. 柯瓦雷科学革命转变的特征影响了科恩

“柯瓦雷在 20 世纪 40 ～ 60 年代通过概念分析方法研究了 17 世纪的科学革命。”[①] 科恩受柯瓦雷影响，研究了 17 ～ 20 世纪的科学革命发生过程中转变的特征。但是科恩与柯瓦雷研究科学革命有一个很大的区别是，科恩采用了历史证据与逻辑分析相结合的方法，提出了科学革命发生的四个判据和四个阶段说。而柯瓦雷主要通过研究概念的转变分析科学革命，体现了哲学、历史于一体的研究风格。

---

① Clagett M, Cohen I B. Alexandre Koyré（1892-1964）commemoration. Isis，1966，57（2）：158.

2. 柯瓦雷概念分析方法影响了科恩

1957年，科恩很幸运成为柯瓦雷牛顿《原理》研究的合作者，出版了关于牛顿《原理》三版变革的过程。而他们确定要研究牛顿时，发现“没有合理的完整的牛顿作品的编目，没有一个合理的对牛顿保留下来的手稿的指导”[①]。因此，柯瓦雷与科恩合作研究牛顿。他们首先要完成的是对牛顿手稿的指导和分类，以分析牛顿《原理》三个版本变化形式，并包括一些解释以帮助现代读者理解牛顿重要思想的起源与重要性。由于柯瓦雷的去世，这些繁重的任务全落在科恩一个人的头上。科恩还继承了柯瓦雷的概念分析方法，并通过该方法研究了牛顿经典力学变革的过程，认为牛顿在物理学方面的贡献不是简单的综合，而是一次革命。

3. 柯瓦雷反辉格式的研究传统影响了科恩

“柯瓦雷反对用我们现在的观点分析历史，而是应根据当时背景确定。”[②]科恩在同柯瓦雷合作研究牛顿时，将牛顿放入他当时的背景下研究，采用了反辉格式的研究方法。科恩对科学革命的研究也是采用了反辉格式的研究传统。这都是受柯瓦雷的影响。但是，科恩在采用语境分析方法分析科学革命的发生问题时，他提出的四个判据和四个阶段说包括了辉格式的一些内容。这说明对于20世纪的科学史学家科恩来讲，完全脱离现在的语境几乎是不可能的。他实现了辉格与反辉格式研究传统的统一。

总之，科恩作为与柯瓦雷牛顿《原理》的合作者，柯瓦雷的研究方法、研究传统深深地影响着科恩，使科恩能够将概念分析法应用于科学史更广泛的研究中。

（三）库恩对科恩的影响

库恩几乎与科恩是同时代的人，而且都是作为哈佛大学的本科生、研究生，而且他们最初所学专业都是物理学，所不同的是库恩获得物理学的博士，而科恩获得科学史方面的哲学博士。科南特不仅影响了科恩，而且也影响了库恩，科南特对库恩的影响主要体现在他是库恩进入科学史领域的引路人。库恩还在做他的博士论文的时候，科南特就已经在哈佛大学开设科学史课程，作为自然

---

① Cohen I B. Newton in the light of recent scholarship. Isis，1960，51（4）：489-514.

② Clagett M, Cohen I B. Alexandre Koyré（1892-1964）commemoration. Isis，1966，57（2）：163.

科学专业学生的一般课程，他安排库恩讲授这个课程。科南特把库恩引入了科学史领域，令库恩对科学史着迷，并决定从物理学领域转到科学史和科学哲学领域。在科南特的支持下，库恩于1948年成为哈佛大学学者学会的初级会员，并以这个身份讲授科学史课程。1951年库恩晋升为讲师，1952年晋升为助理教授。1953年科南特卸任，库恩在哈佛大学失去了最有力的靠山。1956年库恩申请成为终身教授时出现了麻烦。当时跟库恩竞争这个科学史终身教授职位并最终获得这个教席的人，正是科恩。评审委员会认为，库恩的《哥白尼革命》这本书的内容过于大众化，学术味道不足，同时他们觉得库恩还没有成为在任何一个专业上有较深造诣的专家。因为库恩的科学史和科学哲学基本都是自学来的。当然，背后还有一层没有明说的原因是评审委员会认为库恩只是靠了科南特才拿到现在的职位。

当时，科恩已经在科学史领域崭露头角，是一个大家都看好的、有前途的科学史研究者。他后来的表现也的确没有让哈佛大学失望，论著颇丰，成就斐然。在哈佛大学没有拿到终身教授职位，库恩于是接受了加州大学伯克利分校的工作邀请，成为该校科学哲学助理教授。1961年库恩成为加州大学伯克利分校的科学史教授。1964年库恩转到普林斯顿大学，成为该校科学史与科学哲学的派恩（M.T. Pyne）讲席教授。他在普林斯顿大学待了15年。1979年，库恩到麻省理工学院，担任劳伦斯・洛克菲勒（Laurence S. Rockefeller）哲学讲席教授，直至1991年退休。而科恩从1933年上大学到1984年退休都在哈佛大学。

科恩与库恩可以说是同一时代的人，科恩在他的论著中没有直接说明他受库恩的影响。但是，他在《科学中的革命》这一著作的前言中提到他的《科学中的革命》与库恩《科学革命的结构》的区别，间接反映了库恩对他的影响，而这种影响表现为认同与突破，更多地不是表现为认同，而是突破。这是产生影响的另一种形式。

1. 科恩吸收了库恩科学革命是对科学共同体的改变这一观点

科恩认同库恩的主要论点“所有种类的科学变革，包括革命在内，并非像恩斯特・马赫以及其他一些人所设想的那样是观点竞争的结果，而是由接受或信仰这些观点的科学家们造成的”[①]。但是，科恩认为他认同这个观点是来源于他对发展的四个阶段的分析基础上提出来的。也就是说，科恩认同库恩的这个观点，

① 科恩．科学中的革命．鲁旭东等译．北京：商务印书馆，1998：XIII.

但是来源于他的历史研究，不是盲目地认同。

2. 科恩吸收了库恩科学革命是观念变革这一观点

科恩认同库恩这一总的看法，“即革命就是一组科学信念的转换——用库恩原来的术语来讲，就是‘范式’的转换”。但是，科恩也不打算探讨科学中的革命必然是由危机促成的这一命题，也不打算研究库恩“范式”“范例”“专业基质”等的区别与联系。原因在于，科恩认为库恩的范式理论对哲学家和科学社会学家的影响超过对科学家和当代科学史学家的影响。

3. 科恩认同库恩对大型科学革命的研究

这是他们从研究对象看相同的部分。但是，库恩不仅研究了大型革命，而且也研究了小型革命。由于二者研究对象的交叉性，他们在一些方面存在一致性认识也不足为奇。另外，虽然他们的共识来源于不同的研究方法，但同时反映了科学革命发生中规律性的内容。科恩认为他对大型科学革命的研究来源于他的客观方法，即历史证据法。

4. 从研究方法来看，科恩采用库恩历史分析方法

库恩所进行的是一种批判性、分析性的历史研究。科恩也吸收了库恩历史主义研究的风格，并且将这种历史主义进行到底。正像科恩所说的“本书绝非是另一部讨论库恩之‘结构’的著作；相反，本书是从一种新的、严格的史学观点来考察科学革命这一课题的尝试”[①]。

所以，库恩对科恩的影响的突破性远远超过了认同性，也就是说，科恩对库恩一些观点的认可，不是直接继承库恩的观点，而是在他历史分析基础上得到的结论。因此，库恩主要采用哲学方法分析科学革命发生的模式，而科恩从史学角度研究科学革命发生的判据。

（四）诺克、莫里森、米勒等对科恩的影响

对于智力史，科恩向诺克（Arthue Darby Nock）学习宗教史，这对他以后的改宗现象产生重要影响。向塞缪尔·埃里奥特·莫里森（Samuel Eliot Morison）和佩里·米勒（Perry Miller）学习美国史，为科恩研究美国科学史奠

① 科恩．科学中的革命．鲁旭东等译．北京：商务印书馆，1998：Ⅳ．

定了基础。因为从国别史看，科恩主要研究了美国科学史。

20 世纪 30 年代对科恩来讲有重要影响的人物还有哈特内尔（Willy Hartner）、达纳・杜兰德（Dana Durand）、乔奇欧・桑提拉纳（Giorgio De Santillana）、格雷恩・布林顿（Grane Brinton）、阿瑟・施莱辛格（Arthur Schlesinger）、哈里・沃尔夫森（Harry Wolfson）、奥勒斯吉（Cambridge Leonardo Olschki）、亨利・格拉克（Henry Guerlac）、恩斯特・迈尔（Ernst Mayr）等。这些来源于科恩自己的阐述。

总之，作为伟大的科学史学家，科恩的科学史研究主题和研究方法的形成是站在巨人的臂膀上，受到他的老师、同事、合作者的影响，体现了继承性与突破性的统一。

概言之，作为 20 世纪的科学史学家，科学、科学哲学、科学史发展的特征及趋向对科恩的科学史研究思想及研究方法产生了重要的影响。正是在科学发展的多维度性、科学史发展的综合性、科学哲学发展的语境论趋向等的影响下，使科恩需要通过语境分析方法实现科学史多维度的综合性研究。因此，科恩作为综合史大师，体现了不同学科相互影响和相互作用的历程，同时也体现了科学史作为交叉学科发展的特征。

第三章 科恩科学编史思想与方法产生的研究基础

作为20世纪科学史巨匠和权威科学史杂志 *Isis* 的第二任主编、萨顿奖的获得者、综合史大师，科恩的研究领域非常广泛，主要集中于人物、专题史、科学思想史。通过对科恩不同研究主题的容量分析，可以看出科恩主要研究了人物、科学与社会、科学史教育、*Isis* 编辑工作等内容，代表了20世纪科学史研究的一些趋向，是他科学编史思想与方法产生的研究基础。

第一节 人物研究

就人物而言，萨顿“喜欢写关于科学的人物研究，特别是一些不出名的人物，他们致力于收集信息，增加人类知识”①。而科恩也重视人物研究，但是他重视著名的科学家和科学史学家研究。这是他们二者最明显的区别。就人物研究而言，科恩体现了继承与超越。

一、科学家研究

科恩通过书信、同时代人的证据等考证科学家科学成就及科学思想形成过程，并分析科学家成就在科学、文学、社会中产生的影响，形成他对科学家人物研究的独特风格。科恩对科学家研究主要集中于近代的牛顿与富兰克林及现代的一些科学家。科恩对人物的研究体现了继承与超越的特征。

① Cohen I B. George Sarton. Isis，1957，48（3）：286-300.

（一）科恩对富兰克林的研究

长期以来，学界存在一个误解，很多人认为富兰克林首先是一位政治家而后才是科学家。关于富兰克林的书很多，但很少从他作为科学家的角度来研究。

从科恩所著的《本杰明·富兰克林的科学》一书可以看出：①与科恩大学期间接受的教育有关。科恩在哈佛大学期间，学习了物理学、数学等方面的知识，而他对物理学更感兴趣。而且在此过程中，他发现人们对富兰克林存在很大的误解。在富兰克林生活的大多时间里，富兰克林的政治领导才能来源于他的科学名望。富兰克林受到牛顿深深的影响，他看过牛顿的光学。富兰克林的科学活动与光学和电学有关。他曾被美国科学史学家认为是聪明的发明家而不是科学家。其他人的作品并没有提供富兰克林与牛顿时代科学思想发展主要主题之间的关系。科学史研究者很重要的任务就是要对科学事件、科学家进行客观的评价。②科恩发现人们对富兰克林的评价与当时美国的社会背景有很大的关系。富兰克林是美国早期的科学家，而人们对他的研究存在很多的不足，有必要进行系统的研究。富兰克林的思想和生活被忽视了，主要是因为“二战前，纯的理论的或者基础科学研究在当时美国的价值系统中并没有占有很高的位置，科学在很大程度上被工业所支持。第二个原因在 1930 ～ 1940 年科学史并没有渗透到一般的历史中”[①]。③科学史研究的需要。自20世纪科学史学科建立以来，科学史研究的任务就是要客观地记录历史，分析历史。人们对富兰克林的误解需要科学史研究进行澄清。

但是科恩通过考证，发现富兰克林出名首先是因为他是科学家，其次是因为爱学习，再次是因为他是一位有才能的人，最后是因为他是一个政治家和外交家。

科恩考证了富兰克林的科学成就。首先科恩考证了富兰克林的颜色功能热吸收实验。从富兰克林的人格看，在将科学发现名誉给予他的合作者和朋友时他是很大方的。科恩通过富兰克林在信和书中的阐述，认为是富兰克林自己做的该实验，并证明富兰克林只是做了这个实验。科恩通过书信或著作等证据还证明在 1752 年 6 月富兰克林做了他的岗亭实验，当时他完成岗亭实验时，并不知道法国已成功完成该实验。科恩通过考证富兰克林写给约瑟夫·安吉洛（Joseph A. Angelo, Jr.）和科林森（R.P.G. Collison）的信，得出富兰克林在 1752 年 6 月做了他的风筝实验。1752 年 6 月富兰克林写给约瑟夫关于他的风筝实验。

① Cohen I B. Benjamin Franklin’s Science. Cambridge：Harvard University Press，1990：2.

1752年富兰克林写给科林森的信被读是在1752年的12月，在这封信里描述了风筝实验的仪器、材料。作为世界电学家，富兰克林的著作成为电学的真正原理，就像牛顿哲学成为自然科学的真正系统一样。富兰克林的电杆发明可以认为是纯的基础性科学研究被实际应用的例子。

科恩在评价美国航空学时，发现气球上空的早期历史与富兰克林的名字联系在一起。气球的首次上空是在1783年的法国。“他还写信给美国哲学学会他的朋友关于这个事件。”①

科恩还研究了富兰克林在美国革命期间所起的作用。总体来讲，在美国革命期间，富兰克林通过两个方式服务于他的国家。“一是他是爱国力量的领导者，在政治领域中直接服务于他的国家；二是作为电学家，间接服务于他的国家。”②因为富兰克林的书成为电学的真正原理，就如牛顿哲学原理成为自然科学的真正系统一样。这说明了科学影响政治，政治需要科学的支撑。

（二）科恩对牛顿的研究

科恩重点研究了牛顿和富兰克林，这是受萨顿的影响。科恩从20世纪40年代开始研究牛顿。他采用了解剖式的研究方法，重点考证牛顿在光学方面的贡献以及对18世纪实验科学产生的影响，同时考证了牛顿环与牛顿、托马斯·杨的关系以及牛顿环在光学史上的重要地位。科恩通过考证发现牛顿环的现象不是由牛顿发现的，而是由玻意耳和胡克观察和描述的，但并没有得到满意的解释。后来托马斯·杨重新发现并解释了牛顿环，成为19世纪光的波动理论打破18世纪以来光的微粒理论的主要武器。同时他还考证了牛顿光学理论对18世纪实验科学产生的影响，特别是对富兰克林这位电学家产生的影响。

20世纪50年代，科恩对牛顿的研究进入一个新阶段。1957年他与柯瓦雷开始合作全面研究牛顿。当时“没有关于牛顿真实充分的学术版本，没有令人满意的对牛顿《原理》的精确的英语翻译。没有合理的完整的牛顿作品的编目，没有一个合理的对牛顿保留下来的手稿的指导”③。在这种背景下，柯瓦雷和科恩开始对牛顿《原理》各个版本进行研究。柯瓦雷去世后，主要由科恩来完成对牛顿《原理》不同版本变化内容的研究，梳理完整的牛顿研究编目，并挖掘一

① Cohen I B. The development of aeronautics in America：A review of recent publications. Isis，1947，37（1/2）：58-64.

② Cohen I B. American physicist at war：From the revolution to the world wars. American Journal of Physics，1945，13：223-235.

③ Cohen I B. Newton in the light of recent scholarship. Isis，1960，51（4）：495.

些出版或没有出版的手稿的价值，以便对牛顿进行全面研究。科恩分析了牛顿与笛卡儿的关系，完成了关于莱布尼茨与牛顿争论的专论、牛顿与开普勒第三定律的关系，证明开普勒实际是牛顿的前奏。科恩还考证了牛顿望远镜草稿的有关历史以及牛顿《原理》对政治产生的影响等。1971 年科恩出版了《〈牛顿原理〉的介绍》，1972 年出版了《牛顿原理》，紧接着出版了《牛顿革命》。1999 年科恩出版了英文版《自然哲学的数学原理》。“翻译目的是为了给看不懂拉丁语‘原理’的学生提供对牛顿思想可理解的原文。”[①]2002 年出版了《牛顿在剑桥》(*The Cambridge Companion to Newton*)，使哲学家熟悉牛顿哲学的主要方面。科恩认为他对科学史最主要的贡献就是对《牛顿原理》的研究，特别是对《牛顿原理》的英文翻译极有价值。

科恩还研究了牛顿一些不太成功的科学研究。科恩通过考证发现，17 世纪 60 年代，牛顿已看过开普勒第三定律。他关于月球运动的一些观点在《原理》第二版（1713 年）有体现。牛顿认为由于重力推动太阳和月亮运动引起潮汐现象。我们知道重力解释潮汐现象是不完整的。某种意义上说，牛顿的月球理论是一种失败，他给以后的研究留下很多需解决的问题。

科恩对牛顿的研究体现了两个方面的特征。一是人物选择的继承性。科学史学家萨顿主要研究了哥白尼，柯瓦雷主要研究了伽利略，科恩作为他们的继承者，选择了伽利略其后的牛顿。当然还有很重要的原因是科恩曾和柯瓦雷合作研究牛顿，为他进一步研究牛顿奠定了基础。二是研究方面的突破性。他将牛顿放入广义的认知、科学、历史和社会语境中进行研究，从多维度中分析牛顿的科学成就及其产生的影响。

（三）科恩对艾肯的研究

在科恩看来，作为科学史应反映同时代科学最新进展。在这种思想指导下，1998 年科恩从计算发展史角度研究了曾被认为是电子计算机之父的霍华德 • 艾肯（Howard Aiken）的科学思想。科恩选择研究艾肯是因为很多人对艾肯的研究材料不全，使艾肯在历史中的位置经常被人误解和低估。科恩通过引证资料，绘制出关于艾肯的一幅客观的肖像图。2000 年科恩出版了关于艾肯的专著：《艾肯：计算机的先驱》。艾肯不仅是数字计算机的推动者，而且是计算机民用化过程的缔造者，并推动了哈佛大学计算机学术计划的建立，以帮助缓和这方面人

---

① Cohen I B. Newton, The *Principia*: Mathematical Principles of Natural Philosophy. Berkeley: University of California Press, 1999: XIII.

才的缺乏。艾肯先致力于理论计算机的研究，之后他的很多发明被应用在计算机领域，包括数据运算过程、商业账单和控制、统计分析、商业、制造业和机器翻译的自动化。

（四）科恩对其他科学家的研究

科恩对其他科学家的研究主要表现在书评中。1940 年，科恩评价了关于卢瑟福书信和生活传记的著作，认为该书中包括了关于卢瑟福的信件等原始材料，这些对科学史研究很重要。科恩还评论了关于西班牙神学家维萨留斯的学生麦克尔·赛尔维特的三本书、关于诺贝尔奖获得者的科学史著作、关于荷兰物理学家西蒙·斯蒂文的主要著作等。

科恩对科学家传记的评论体现了以下的特征。首先，有选择地进行书评。科恩主要研究了富兰克林、牛顿、艾肯三位不同时代的科学家。关于他们三位的论文和著作，科恩进行了主要的评论。对于其他科学家的传记或论文，科恩在自己能力范围内也进行了评论。其次，重视对论著中原始材料的收集。这也是科恩科学史研究风格之一。在科恩看来，原始材料是科学史研究的基础和前提。最后，坚持反辉格式传统。科恩在评价关于科学家的论著时，发现很多人的研究在没有证据的情况下就下结论，这一点科恩是非常反对的。

二、科学史学家研究

自 1912 年科学史学科开始建立以来，科学史研究取得显著成就，这应归功于一大批杰出的科学史学家的工作。科学史研究者更多地重视对科学家的研究，对科学史学家的研究还没有引起人们的足够重视。而科恩看到了科学史学家研究对于科学史的重要意义。科恩对科学史学家的研究主要是通过两种途径进行的：一是直接评论科学史学家的著作；二是评论萨顿奖的获得者。

（一）直接评论科学史学家的著作

对科学史学家著作的研究具有十分重要的意义。首先，这些著作反映了科学史学家科学史研究的水平。其次，这些著作也反映了一定时期科学史研究的水平。对科学史学家论著的研究对促进当代科学史研究具有重要的借鉴意义。

1940 年科恩评论了沃尔夫写的《18 世纪的科学、技术和哲学史》一书。在科恩看来，“一方面沃尔夫对 18 世纪的科学、技术和哲学的分类有些武断；另一方面忽视了18世纪微积分的伟大作用，关于这部分只有16页”[①]。而18世纪微积分是数学发展很重要的部分，显然作者根据自己的兴趣，而不是根据当时科学发展的情况。科恩反对这种辉格式的研究传统。

1952年，科恩评论了萨顿主编的*OSIRIS*的第9卷和第10卷，回顾了萨顿编的这两卷的内容。1954年，科恩评论了科学史学家汉斯·斯隆（Sir Hans Sloane）所写的18世纪英国地学方面的著作。

（二）评论萨顿奖的获得者

萨顿奖作为科学史研究的最高奖项，反映了一定时期科学史研究的国际水平。科恩主要通过分析萨顿奖获得者为科学史所作的贡献，使人们认识到科学史大师的研究领域和研究风格，为科学史的进一步研究提供主题和方法上的借鉴。

1956～1957年科恩评论了科学史开创之人萨顿。就科学史研究而言，萨顿是一位新人文主义者，他要通过科学史在科学与人文间建起一座桥梁。萨顿的主要贡献表现在对两个方面的研究：一是解释了古希腊科学和中世纪科学；二是创办*Isis*杂志，并在1955年第一个获萨顿奖。从研究风格上看，萨顿主要从宏观角度研究科学进步，他认为对微观科学史研究的不足并不影响他对宏观科学史研究。

1966年科恩评论了柯瓦雷。柯瓦雷在1937年开始使用概念分析方法研究伽利略。在他看来，“他发现转变的特征是确定概念的转变，创造性的科学仪器使转变从定性描述到对传统科学的定量实验”[②]。柯瓦雷采用反辉格式的研究方法处理不同时期的科学事件。

1976年科恩评价了萨顿奖获得者狄布纳（Bern Dibner），分析了他在出版科学史和技术史图书方面的杰出贡献以及他对科学史图书馆建立的贡献。1983年科恩评论了曾是国际科学史学会会长、天文学会会员、美国艺术与科学机构成员，1971年萨顿奖的获得者德国科学史学家哈特纳（Willy Hartner）。科恩分析了哈特纳对天文学史、中国科学史、开普勒科学等方面的研究。1990年科恩评价了一位女科学史学家多萝西·史汀生（Dorthy Stimson），她1953～1957年任美国科学史学会主席，她的主要贡献是对17世纪英国科学进行了研究。

---

① Cohen I B. Reviewed work(s)：A history of science, technology, and philosophy in the eighteenth century by A. Wolf. Isis，1940，31（2）：450.

② Clagett M, Cohen I B. Comments Alexandre Koyré（1892-1964）. Isis，1966，57（2）：157.

2001年科恩评论了1978年第6届伯克霍夫奖获得者克利福德·特鲁斯德尔（Clifford Truesdell）。特鲁斯德尔主要研究力学史。特鲁斯德尔有两个方面的贡献是值得肯定的：一是他重视解释原始材料；二是提出科学史学家应具有科学道德。

就人物研究而言，从时间顺序来讲，富兰克林占据他事业的第一阶段；而从1956年起科恩主要研究了牛顿，从重要性来讲，牛顿占据他学术研究的重要地位。科恩从研究风格上继承并发展了萨顿的风格，更重视从微观和宏观两个方面研究科学史，如对牛顿的研究，科恩分别考证了牛顿科学成就形成的过程及其来源，在此基础上概括出“牛顿风格”，并分析牛顿科学对实验科学、政治学、社会等方面产生的影响。从人物主题看，科恩扩展了科学史研究对象，他的创新主要表现在对18世纪著名科学家、20世纪著名科学家及科学史学家的研究。

三、科恩人物研究的特征

在科恩看来，人物研究是很重要的领域。科恩在对科学家、科学史学家进行研究时逐步形成了他人物研究的风格。

（一）全面收集相关资料

资料包括收集科学家和科学史学家已发表的论文、著作和没有发表的论著、通信、私人谈话，同时包括不同时代人们对他的研究等。这反映在他的论著和书评中。科恩在对卢瑟福传记的一本书进行研究时指出：“我们希望关于卢瑟福零星出版的历史的和逻辑方法的内容将同他没有出版的手稿和讲演稿收集在一起，这将形成一本对一般读者、科学家和科学史学家具有永久价值的书。”[①]科恩很重视对书信的收集。科恩在评价一本关于牛顿书信的书时指出：应收集“①牛顿所写的信；②写给牛顿的信；③其他的信或摘录，它能提供有用的说明和评论，或者对牛顿主要通信的评论；④备忘录，这虽然不是直接的信，但是与信有密切的关系”[②]。材料的全面性是做好人物研究的基础。

---

① Cohen I B. Review：Rutherford（1871-1937）, being the life and letters of the Rt. Hon, lord Rutherford, O.M. by A.S. Eve. Isis，1940，32（2）：372.

② Cohen I B. Reviewed work(s)：The correspondence of Isaac Newton, VI, 1661-1675 by H.W. Turnbull. Isis，1961，52（1）：115.

（二）对资料进行编目，以寻找过去研究的不足及存在的问题

这主要表现在科恩对富兰克林、牛顿、艾肯的研究过程中。科恩在收集资料的基础上，对相关资料进行编目研究，发现存在对他们的一些歪曲和不足。这种基础研究也为科恩提供了方向。

（三）在认知、科学、历史、社会语境中分析科学家、科学史学家、科学史思想、方法及其影响

科恩在对富兰克林、牛顿进行研究的过程中，不仅分析了他们的科学思想，而且分析了他们的科学思想在科学、社会等领域产生的影响。科恩人物研究风格最大的特点就是将人物放入广义的语境中进行研究。这为我们研究人物提供了方法论指导。科恩不仅重视对人物的科学成就或科学史成就的研究，而且很重视他们的工作产生的影响。科恩不仅研究了牛顿和富兰克林在科学方面的贡献，而且分析了他们的科学成就在科学、政治学、社会学、文学等方面产生的影响。

（四）增加相应的脚注和评论

科恩在对牛顿、富兰克林等进行研究时，包括了很多的脚注和评论。在科恩看来，这些脚注和评论能使读者获得关于人物完整的图景。科恩在评价一本关于富兰克林的书时发现“对公正的复本的复原没有一系列的脚注或评论。因此，这本书不能令人满意”[①]。脚注和评论除了阐述相关的内容外，还应包括“其一是告诉读者关于人物工作和通信最新的重要的版本及对他研究的一些参考文献或者重要的研究成果，其二是呈现对一些错误的事实和说明的修改”[②]。在写人物传记词典时，应按专业不同进行分类，以便于人们的查找。科恩的习惯是将脚注放入每页的底部，这体现在他的论著和书评中。在科恩关于艾肯的著作中有大量的脚注，都位于每页的底部，科恩在评价一本关于牛顿通信的书时发现注解在每个文献的后面而不是在属于它们的每页的底部，这将使读者很不方便。所以，科恩在对人物进行研究时，很重视脚注和评论。

---

① Cohen I B. Reviewed work(s)：A century of science, 1851-1951 by Herbert Dingle; A century of Technology, 1851-1951 by Percy Punsheath. Isis，1952，43（4）：371.

② Cohen I B. Reviewed work(s)：Dictionary of American biography by Robert Livingston Schuyler; Edward T. James. Isis，1958，49（4）：447.

第二节 科学与社会研究

20世纪以来，科学与社会的关系越来越密切，科学越来越受到社会的影响。作为科学史学家的科恩，他与萨顿有很大的区别。“萨顿从来没有科学史专门研究的专论。”[①]科恩关于科学与社会方面的专论还是比较多的。他主要研究了科学与战争、科学与政治、自然科学与社会科学的关系问题。就科学与社会关系研究而言，科恩更多地体现为超越性。

一、科学与政治关系的研究

作为二战期间成长的科学史学家，科恩更多地体验到科学在战争中的作用。当时存在一种片面认识，似乎化学战或物理战都是因为科学家，因此科学家应对战争负责。科恩通过考证分析了二战及二战后科学与政治的关系问题。

（一）战争期间组织机构的变革促进了科学与政治的相互联系

从美国革命到内战期间，科学组织促进了科学与政治的联系。20世纪40年代科恩分析美国革命到二战以来政府、科学与战争之间关系的演变过程。其中国家机构在促进政府与科学家之间的联系方面起了重要作用。在托马斯·杰斐逊任总统期间，1805年国家科学机构成立并开始制订计划。1812年后，美国科学直接对应于国家科学机构。在国家科学机构的作用下，科学家与政治联系在一起，它们作用的后果就是可以看到科学在战争中作为积极的工具。

1863年2月美国成立了另一个永久性委员会，主要职责是检测新的发明和装置，处理政府应付不了的建议，并由科学专家作为顾问。1863年3月3日美国将国家科学学术机构合并成为一个国家科学委员会，它的功能主要表现在三个方面：一是确定成员名单；二是确定选举和管理的办法；三是作为政府顾问。

一战期间美国科学家通过海军协商理事会和国家研究委员会进行协调服务于他们的国家。国家研究委员会很重要的职责是提升科学与政府的合作，使科学尽量为国家服务，成员包括科学家、技术专家和政府机构人员。一战期间，战争影响了科学本身的组织。战前，美国科学研究大部分由相互独立的机构执行。纯科学研究局限于大学和拨款的研究机构，政府的工业实验室和各种国家

① Cohen I B. George Sarton. Isis，1957，48（3）：286-300.

科学机构关注一些实际问题。战争期间，国家研究委员会的主要职责是训练科学家、培养工业研究、促进科学知识的增长。在国家研究委员会的带领下，所有的科学研究活动成为一个统一的整体。科学家与其他领域的联系超过了他自己的领域。“在困难时期，美国政府和美国人民依靠训练有素的科学家的帮助，这些科学家承认有服务于他们国家的责任和权利。”[①]科恩通过研究科学组织机构的变革过程，分析了在战争期间科学与政治的关系问题。

（二）科学对政治产生的影响

科恩还研究了科学对政治产生的重要影响。科恩重点分析了美国革命到二战后科学与政治的关系，目的是为了证明科学方法、概念和发现对政治思想产生的影响。科恩通过文献证据法说明 17 世纪哈维的血液循环理论对哈林顿的影响。哈林顿的政治解剖理论在美国宪法中被采用。同时，这也说明科学方法与概念被类比应用于政治领域的过程。

科恩还在 1995 年《科学与开国元勋：杰斐逊、富兰克林、亚当斯与麦迪逊政治思想中的科学》中研究了牛顿科学对美国第二任总统约翰·亚当斯、第三任总统托马斯·杰斐逊、第四任总统托马斯·麦迪逊及本杰明·富兰克林政治方面的影响。建国之父们把物理学和生命科学的概念、原理、法则分类应用于政治、社会思想和行动中，使 18 世纪后期的美国政治焕发了活力。科恩还研究了本杰明·富兰克林作为科学家和政治家双重身份的关系问题。科恩通过考证发现富兰克林首先是作为科学家而出名。在他政治事业开始之前，他在法国被人所知是因为他是一位科学家。他的科学事业为他的政治事业奠定了基础。

科恩在《科学中的革命》一书中将科学革命放入广义的历史、科学、社会语境中进行研究，发展了库恩的科学革命观。在库恩看来，科学革命发生在科学共同体内部，是科学家的事情。而科恩认为，重大的科学革命的发生过程涉及社会思想、产业等方面的重大变革。

二、自然科学与社会科学关系的研究

科恩还重视科学史对其他社会科学及人文科学产生的影响。1994 年科恩在《相互作用：自然科学与社会科学》中从历史角度研究了 17 ～ 20 世纪自然科学

---

① Cohen I B. American physicist at war：From the revolution to the world wars. American Journal of Physics, 1945, 13：227，343.

与社会科学关系的演变过程。主要分析了自然科学在同时代对社会科学产生的影响，并分析了社会科学对自然科学产生的影响。

就科学与社会关系而言，科恩将科学放入广义的社会语境中进行研究，体现了科学的社会功能。他对自然科学与社会科学关系的研究，体现了综合史研究特征，超越了萨顿和柯瓦雷的内史研究。同时他在对科学革命研究过程中将历史主义进行到底，在认知语境、科学语境、社会语境和历史语境中研究了科学革命发生的过程。

科恩还评论了其他人所写的科学革命。1965 年，科恩评论了一本关于 1450 ～ 1630 年科学发展的书，发现的不足就是“没有说明后来关于科学革命的其他的版本，告诉读者关于这个主题一些现在的研究，这对读者来说是很有帮助的”①。在科恩看来，将一个主题现在的研究状况告诉读者是很重要的，同时也可以为科学史研究者提供该主题最近研究进展的信息。1991 年科恩评论了两本科学革命著作，认识到革命思想与进化和历史的关系。1998 年科恩评论了一本关于科学革命参考文献的著作。该书中收集了自文艺复兴以来关于科学革命的条目、专论、参考文献等，内容比较全。但是，存在一些问题，如不太清楚检测的日期是从什么时候开始的，分类也比较混乱，有的根据出版日期，有的根据主题分类。

三、科恩科学与社会研究的特征

科学发展本身就是社会事业的一部分，只不过是在不同时代科学与社会的关系表现为不同形式而已。科恩在分析了 18 世纪科学影响政治的过程、17 ～ 20 世纪自然科学与社会科学的关系问题、20 世纪科学与战争的关系问题等的过程中形成了他研究科学与社会的风格。

（一）体现为时代性

科学与社会的关系问题其实是一个很古老的话题，不过不同时代科学与社会的关系侧重面不同。科恩根据这个特征，分别研究了 18 世纪科学对政治产生的影响，以及 20 世纪科学对战争产生的影响，以凸显不同时代科学与社会存在的不同关系。

① Cohen I B. Reviewed work(s)：The scientific renaissance, 1450-1630 by Marie Boas. Isis，1965，56（2）：241.

（二）采用证据法

科学与社会的关系问题作为一个领域，涉及科学的社会功能、科学与社会不同领域之间的关系问题等，范围非常广泛。如果面面俱到，可能使研究的问题没有深度。作为科学史学家，科恩通过证据法分析了科学与社会之间在不同方面的关系问题，做到有理有据。

（三）在广义语境中分析二者的关系问题

科学与社会的关系问题，不仅涉及科学语境、社会语境，而且涉及认知语境和历史语境。因为不同时代由于人们认知水平的局限，科学只能在一定的程度上影响社会。例如，由于一些人缺乏对自然科学的理解，也就无法将自然科学应用到社会科学领域。历史语境反映了自然科学与社会科学关系的历时性发展过程，只有在历史语境中，我们才可能看清二者互动的关系问题。

科恩的科学与社会研究风格为我们进一步认识这个领域提供了可供借鉴的模式。我们应在坚持时代性、客观性和广义语境性的基础上研究科学与社会的关系问题，还原二者在历史中的本来面目。

第三节　科学史教育研究

作为科学史教育家，科恩对科学史教育也提出了自己的观点，促进了美国科学史教育的发展，体现了对萨顿科学史教育风格的继承与超越。

一、对哈佛大学科学史教育的研究

20 世纪 40 ～ 50 年代，有三个大学积极地推动科学史的发展，它们是美国康奈尔大学、威斯康星大学和哈佛大学。科恩作为哈佛大学的本科生、研究生、教职工，对哈佛大学充满了感情。1984 年，他回顾了 20 世纪 30 ～ 60 年代哈佛大学科学史教育发展的特征。在 20 世纪 30 年代，哈佛大学开设的科学史课程主要有两门。“一门是开始于古希腊，结束于伽利略；另一门从牛顿一直到最近时代。”[①]

哈佛大学科学史教育通过哈佛大学校长科南特得到进一步的推动。他是 *Isis*

---

① Cohen I B. A Harvard education. Isis，1984，75（1）：13.

的订阅人，是美国科学史学会成立时的成员。在他的影响下，哈佛大学 1936 年建立科学史高等学位委员会，并在科学史方面建立了哲学博士学位，使学生可以在科学史方面获得高等学位。科南特认为对非科学专业的科学史教育不应侧重技术与科学，而应重视科学观的发展问题，“以使学生明白科学怎样成为文化和哲学背景中的一部分”[①]。而且，科南特对非科学专业学生教育侧重对历史案例的深入分析。

1944 年，哈佛大学教学委员会寻找一个新的专业，以使研究生能超越专业课程的局限，获得更多的通识教育，而不是传统的提供一些介绍性课程。科恩提出一个计划，将科学史作为通识教育课程，使非科学专业的研究生对科学研究产生兴趣，之后这一计划通过，哈佛大学在通识教育课程设置科学史课程。

另外，国家科学基金也促进了哈佛大学科学史的发展，它的功能体现在两个方面：一是为科学史、科学哲学专业的毕业生提供支持以作为科学史研究与教育的成员；二是为青年学者提供经费支持。

20 世纪 60 年代，科学史在美国哈佛大学的发展取得一定的成就，但还是比较年轻的学科。在哈佛大学并没有科学史明显的位置，科恩也不是哈佛大学任何学术机构的成员，他属于哈佛大学高等学位委员会成员。当时耶鲁大学、威斯康星大学都有科学史系，但都是挂靠于其他机构。“科学史进入大学机构及科学史学家在学术系统中的地位如何是由他们所附属的大学或学院的性质决定的。”[②]科恩对哈佛大学科学史教育的研究一方面反映了科学史创建之初对哲学、相关自然学科的依附性；另一方面也说明使人们重视科学史这门学科是非常困难的。

二、科恩科学史教育研究的特征

作为萨顿的学生，科恩继承并发展了萨顿的科学史教育风格。“萨顿的讲义中汇集了很多伽利略时代的人物，主要涉及科学家的历史、生活与科学成就，并没有将科学思想作为科学史课程内容。”[③]而科恩不同于萨顿，他主要为本科生讲授了物理科学的本质及发展、科学革命，科学思想史教育是科恩科学史教育显著的风格之一。科恩给学生印象最深的是他知识的深度和广度。

萨顿上课还有一个显著的特征是没有指定的读物，这使他的课程对忙于做

---

① Cohen I B. A Harvard education. Isis，1984，75（1）：38.
② Cohen I B. The Isis crises and the coming of age of the history of science society. Isis，1999，90：28-42.
③ Cohen I B. A Harvard education. Isis，1984，75（1）：14.

实验的学生来讲很有兴趣。萨顿认为大多数材料是没有用的，因此，教材对于萨顿来讲，并没有太多的意义。另外，萨顿重视与学生的互动交流，“在他的讲演中讨论的最初原本他习惯邀请有兴趣的学生核对这些内容”[①]。在对非科学专业的本科生的教学过程中，1959年科恩出版了他的教学成果《新物理学的诞生》(*The Birth of a New Physics*)，该书后被翻译成中、荷、法、德、波、西、瑞典等多国语言。该书有两个目的：一是使我们了解到16、17世纪科学革命发生的一个方面，以说明现代科学发展的最基本的方面就是物理科学对整个动力科学形成的影响；二是使我们了解到一个单一思想在改变整个科学结构中的重要影响。这本书对于大学生了解16、17世纪科学革命发生的过程具有重要的作用。

从讲课的形式看，萨顿主要通过讲授式使大学生了解科学。而科恩不同，他充分发挥科学思想史和科学实践史的作用，通过物理演示、视听材料、演讲艺术使他的课程令人难忘。

在科恩看来，科学史教育应体现科学主题作为历史文明的特征。“科学史并不是使研究生对已存在的科学中好的原著的原文进行研究，而是在历史语境中理解科学主题作为历史文明的一部分。”[②]科恩通过以下方式使研究生对科学研究主题更感兴趣：通过分析科学理论怎样成为强烈智力努力的结果，介绍给学生科学是一个创造性过程而不仅仅是一个系统结果。所以，科恩科学史教育风格侧重科学思想史教育。

科学史作为哈佛大学通识教育课程后，科恩主要为本科生讲授天文学、电学基础、万有引力、原子分子理论的发现、波动学和电磁学的基础理论、科学革命、美国科学、17世纪的物理学、计算机史、自然科学与社会科学的关系问题等，他通过使用科学思想和事实的历史材料使学生们了解科学。科恩使学生参与演讲以体验科学，这也是他科学史教育的一个风格。

科恩的科学史教育过程还反映出科学史教育与科学史研究之间的互动关系。1966～1980年，科恩被邀请去贝尔法斯特大学作演讲，这些演讲使他能表达两个相互缠绕在一起的两个主题：牛顿科学的发展及其意义、科学概念的变化。而《科学中的革命》与《牛顿革命》成为这两个主题相关的科研成果。也就是说，科恩在教学过程中的一些主题后来成为他研究的主题。科研与教学是彼此联系在一起的。教学可以促进科研的展开，而科研可以使教学做得更好。这也体现了科恩勤于思考，不断探索的精神。

---

① Cohen I B. A Harvard education. Isis，1984，75(1)：14.

② Cohen I B. A Harvard education. Isis，1984，75(1)：38.

第四节 *Isis* 编辑工作

科恩作为*Isis*的编辑，第二任主编，对*Isis*发展史、*Isis*编目等方面进行了研究，推动了*Isis*的发展，并体现了对萨顿的继承与超越。

一、对*Isis*发展危机的研究

1999年，科恩从历史语境的角度分析了*Isis*自建立以来的发展历程、面临的危机及其转向问题，对于促进*Isis*进一步的发展具有重要意义。

国际科学史权威刊物*Isis*1912年由萨顿在比利时创立，1913年3月出版第一期。萨顿作为*Isis*的创立者，很长时间里几乎是他一个人对*Isis*的出版负责。作为萨顿的学生，科恩亲眼目睹了*Isis*一次次突破危机的发展历程。

*Isis*的危机主要来源于战争。一战期间德国入侵比利时，打断了*Isis*杂志的出版。萨顿不得不逃亡英国、美国。对于萨顿来讲，为了保证*Isis*的出版，他必须找一个美国出版商。后萨顿将*Isis*作为美国科学史学会的组成部分。虽然当时*Isis*作为美国科学史学会机构的组成部分，但其实它是萨顿的个人财产，因为*Isis*出版所有的费用几乎都由萨顿一个人来支付，萨顿本人也认为他应负责。因为他是*Isis*的发起人，*Isis*密集他个人的社论，他就像报纸专栏中的政治权威。1912年到20世纪30年代后期，*Isis*所有经费几乎都是由萨顿负责。20世纪30年代中期，哈佛大学建立了科学史学术机构，萨顿成为该校的专职教授，并领取相应的工资，这些收入成为萨顿支撑*Isis*的经费来源。

但是，二战期间*Isis*的出版又遇到了危机。1940年5月，*Isis*的第32卷由于战争原因被迫中断，萨顿求助于美国科学史学会。当时美国科学史学会的会长是著名的生物学史家任克尔（Conway Zirkle），“他不仅致力于科学史学会，而且积极帮助萨顿解决*Isis*的出版问题”①。第33、第35、第36卷都是在美国科学史学会的帮助下完成的。但是1945年10月后，*Isis*的出版工作再次被中断。

美国科学史学会对*Isis*印刷具有重要贡献。20世纪40年代，美国科学史学会是一个很小的学会，主要由*Isis*的订阅者组成，它的主要功能也是服务于*Isis*的订阅。“萨顿曾经常告诉他的学生科学史学会的建立主要的目的不是促进科学史专业的发展而是服务于*Isis*的订阅和集资的机构。”

---

① Cohen I B. The Isis crises and the coming of age of the history of science society, Isis，1999，90：28-42.

二、对 *Isis* 编目的改进

科恩在 1939 年开始从事 *Isis* 的编目工作。1946 年科恩即将毕业，而这时 *Isis* 需要管理编辑，科恩成为 *Isis* 的管理编辑。1947 年，*Isis* 的发展逐步走向新的阶段，它的一系列的改革逐步进行。*Isis* 的编目最主要的目的是将每个引证放入被限定的位置。

首先，将送来的科学史论文送给编委会成员进行评审。这个编委会由威斯康星大学科学史教授克拉盖特（Marshall Clagett）、西狄（City）学院的科学史教授狄拉博特（I.E.Drabklin）、耶鲁大学医学院著名医学史家富尔顿（J.F.Fulton）、康奈尔大学科学史学家格拉克（Herry Guerlac）和宾夕法尼亚大学科学史教授任克尔等（Conway Zirkle）五个人组成。一个真正的创新是增加了两个历史学方面的顾问。在此之前，萨顿很少将论文送出去进行评审。“并不是萨顿相信他对科学史相关论文有重要观点，而是因为他接受的论文多是有名望的学者或者是萨顿了解他们的工作。当作者不出名时，他会很快地查看论文的脚注、参考文献，确定论文是否对知识有贡献。”[①]科恩使萨顿渐渐地接受应将论文送出去评阅。

其次，为投稿者印刷一系列注释，开始了科恩引证与注释编辑的模式，也就是增加了论文注释部分的内容。这种风格在科恩的专著里也是很明显的。科恩的《科学中的革命》包括了大量的注解，使我们对科学革命的理解建立在当时的语境中。

再次，修改了重要文献目录的系统分类法及目录的编辑方法。“由于文献编目的分类修改过几次，从一个主编到另一个主编索引的模式在不断地发生变化，分类由于意义不明确，结果证明参考很难找到它的位置。”[②]科恩对编目的改进表现在两方面：一是致力于一个累积的编目。科恩认为应使我们的精力致力于对文献编目形成一个累积，特别是对 50 年来的科学史著述以累积的方式进行整理。二是一个条目有一个以上的分类，它可以出现在每个适当的类型中。我们可根据主题分类，再细分为人物、机构，还可以根据历史时期、不同文明进行分类，以实现编目的连续性、快速性、方便性和全面性，这是对萨顿以来编目法最重要的一次创新。

---

① Cohen I B. The Isis crises and the coming of age of the history of science society. Isis，1999，90：34.

② Cohen I B. A cumulative critical bibliography of the history of science：A report to the history of science society. Isis，1972，63（3）：388-392.

最后，对 *Isis* 主编任期的规定。自 *Isis* 创刊以来，一直是由萨顿作主编。科恩任主编期间，规定 *Isis* 杂志主编任期为五年。科恩在 1953 ～ 1958 年任 *Isis* 主编达 6 年，是因为当时在他届满时没有合适的人选接替。在任主编期间，科恩送出一些书做书评，送出一些论文以评审，与作者讨论修改稿，为印刷准备复本，编辑和校对重要文献，与有影响的作者通信。在任主编期间，科恩发现对美国科学发展和生命科学研究内容过于少，他也曾试图改变这种局面，但是效果不佳。

另外，科恩还评论了与 *Isis* 紧密相关的 OSIRIS 的发展。OSIRIS 于 1936 年由萨顿创立，致力于科学史方面长的论文和专论的发表，不定期出版，每期包括一些有名的学者及一些学者的肖像、简短的传记和完整的出版物的名单。1938 年 *Isis* 的订阅数量只有 600 份，包括 350 名科学史会员。*Isis* 每年的亏损额都由萨顿自己承担，有时也能从华盛顿一个机构中得到一些津贴。但是萨顿支付所有的 OSIRIS 费用。1942 年以前它的订阅者不超过 100 份。1990 年该杂志获得基金资助以保障它的出版。

三、对 *Isis* 内容和形式的调整

科恩在继承萨顿的基础上对 *Isis* 的内容和形式进行了一些调整，表现在以下几个方面。

首先，从内容上看，“加强了文章的专业性与学术性，如科学史教学与教育的文章增加了 2%，而专业论文增加了 58%”[①]。另外，增加了研究论文的篇幅，书评、物理学史、科学与社会方面的论文也有所增加。“整体上研究论文增加了 13%，书评增加 1%，物理学史增加 4%，科学与社会方面的论文增加了 6%。”[②]

其次，从形式上看，将原来的双栏改为单栏以增加杂志的容纳量，使 *Isis* 包含更多的内容。这样，*Isis* 以一种新的形式出现在公众面前。形式的改进主要是为了服务于内容的增加。

最后，从主题上看，增加了科学与社会方面的论文，促进了科学史从内史向外史、古代史向近现代史的转变。科学与社会论文的增加说明了外史研究的凸显，而从统计也反映出科学史向近现代史的转向。“关于古希腊和中世纪的科

① 魏屹东．爱西斯与科学史．北京：中国科学技术出版社，1997：60.
② 魏屹东．爱西斯与科学史．北京：中国科学技术出版社，1997：61.

学史论文降低了 11%，而关于 18 世纪以来的论文则增加了 14%；书评在古希腊和中世纪方面降低了 15%，而在 17 世纪以来的断代史方面增加了 18%，上升程度更为明显。”①

四、改变了 *Isis* 与美国科学史学会之间的关系

科恩任主编期间，改变了 *Isis* 与美国科学史学会的关系，使 *Isis* 成为科学史学会的会刊，学会对 *Isis* 的经费负责。*Isis* 从萨顿的个人资金来源转向社会筹资，解决了 *Isis* 资金难的问题。科恩任主编期间，美国科学史学会增加了对 *Isis* 的经费投入。“1953 年投入经费占学会收入的 80%，1954 年占 82%，1955 年占 87%，*Isis* 成为学会的最大开支项目，也是学会最大的经济负担。”②

科恩作为 *Isis* 的编辑和主编，对 *Isis* 的研究更多地体现为一种责任感。他曾从历史角度研究了 *Isis* 发展历程及目前面临的困境。在担任主编期间，他对 *Isis* 进行了改进，并且他的一些改进一直保持到今天。

第五节　科恩的研究基础得到认可

作为美国著名的科学史学家、哈佛大学的终身教授，科恩的科学编史思想与方法首先影响了他的学生和同事。1984 年由他的博士研究生、同事埃弗里特·门德尔松主编的一本书《科学中的传统与转变：纪念科恩》，代表了科恩的学生和他的同事对他的科学史研究内容和方法的继承与转变，反映了“科恩的研究已被受他训练和受他影响的人所仿效”③。

17、18 世纪物理学史是科恩研究的主要领域。科恩首先研究了本杰明·富兰克林电学实验，并出版了他的第一本专著《本杰明·富兰克林在电学方面的实验与观察》。二战期间，科恩研究了他的第二个专题“美国背景下科学与社会的关系”，并发表了相关论文，如他研究了科学在战争中的角色、科学与战争的关系问题、美国科学的其他方面，还探索了 19 世纪美国基础科学与应用科学的冲突问题等。科恩很重要的一个研究风格就是对著名科学家的研究，他主要研究了富兰克林和牛顿。二战以来，科学史本身经历了很多的变化，科学史方面

---

① 魏屹东．爱西斯与科学史．北京：中国科学技术出版社，1997：61.

② 魏屹东．爱西斯与科学史．北京：中国科学技术出版社，1997：15.

③ Mendelsohn E. Transformation and Tradition：Essays in Honor of I. Bernard Cohen. Cambridge：Cambridge University Press，1984：XIII.

的论文和书使读者超越了科学与历史两种文化，科学史成为文化史的重要组成部分。科学史已发展了很多新的方法，包括哲学分析法和社会学调查法。科恩在担任*Isis*主编期间，发现缺乏对生物学史和美国科学史的研究。他的这个缺陷和不足后来在他的学生中得到了弥补，表现在《科学中的传统与转变：纪念科恩》一书中。

一、对他的同事、学生的影响

科恩的研究基础影响了他的学生和同事，表现在《纪念科恩：科学中的传统与转变》一书中。该书包括四个方面的内容：第一个方面是精确科学和数学的历史和哲学；第二个方面是18世纪传统；第三个方面是美国科学；第四个方面是文化背景下的科学思想。四个方面的内容体现了科恩对他的学生、同事的影响，同时也体现了他的学生、同事在科恩基础上的转变。

首先，精确科学和数学的历史和哲学曾是科恩研究牛顿科学的重要领域，他的学生、同事既继承了他的研究领域，又超越了他。科恩主要研究了牛顿《原理》中的数学原理、牛顿与莱布尼茨的关系、牛顿风格、数学史等。科恩晚年还致力于数学史的研究，在他去世前一个星期，他还寄出了一本关于数学史的书稿。因此，物理学和数学是科恩关注的重要领域。

而他的学生、同事在他研究牛顿时代数学基础上进一步研究了牛顿《原理》最初版本，14世纪原子论研究了开普勒、伽利略与牛顿数学史中的传统与改变，并反思19世纪数学史学的反思，探讨海森堡、奥本海默对现代物理学的改变，作为科学哲学家的爱因斯坦的思想等。从主题看，他的学生、同事继续在发掘关于牛顿的资料，创造性地研究了近代数学史，并对现代物理学的人物进行研究；从学科史看，从物理学扩展到数学；从断代看，从18世纪扩展到14、19、20世纪的科学史。这都体现了科恩的学生、同事在科恩基础上的继承与创新。

其次，18世纪传统和美国科学是科恩曾经研究的重要领域，他的学生、同事既继承了他的研究领域，又超越了他。科恩主要研究了18世纪牛顿和富兰克林两个科学家，涉及物理学和电学。他的学生、同事研究了该时期法国复兴的传统，并对英国约瑟夫·普里斯特利进行研究，挖掘了人类遗传学的启蒙思想。从主题看，包括思想史、学科史、人物研究；从国别看，包括英国、法国等国家，超越了科恩主要研究英国和美国；从学科看，涉及生物学史，这也超越了科恩，因为科恩主要研究物理学史。

再次，美国科学是科恩研究的重要领域，他的学生、同事继承了他的研究领域，但又超越了他。

科恩主要研究了美国战争与科学的关系问题、美国科学史发展情况、美国科学史教育、*Isis* 在美国的发展情况等。

他的学生、同事研究了美国医疗记录的发展，哈佛大学重组 DNA 研究的公共政策，威廉·费雷尔（William Ferrel）与美国科学、美国与日本科学理事会、科学与通识教育的关系，并对 1891 ～ 1941 年美国科学史研究进行分析。从主题看，他的学生、同事主要研究美国科学家、美国科学与教育的关系问题、美国科学史，超越了科恩对 1891 ～ 1941 年美国科学史的分析；从学科看，主要涉及美国生物学史，这也超越了科恩。

最后，文化背景下的科学思想是科恩研究的重要领域，他的学生、同事也是继承了他的研究领域，但是又超越了他。

科恩在对一本关于耶鲁大学 250 年庆贺的书的评论中指出“如果美国科学史是很重要的，超过地方古物研究，它一定是文化史和智力史的一部分”[①]。科恩通过对科学思想史的研究，体现科学史作为文化部分的功能，他重点研究了自然科学作为文化与社会科学之间的关系问题，以及科学思想史发展过程中的文化因素等。

科恩的书评反映了他关注文化背景下科学思想产生的影响。科恩在对一本关于 18 世纪气候与人类关系的书进行评论时，“发现 18 世纪后期科学与文明的关系处于很高的状态”[②]。由于科学没有国界，科学史研究有助于融合中西文化、古今文化，加强自然科学与社会科学的融合。科恩在评论一本关于牛顿光学对 18 世纪文学产生的影响的书时指出，无论怎样这本书对于研究 18 世纪科学思想对文学产生的影响来讲是很重要的。这也为牛顿研究提供了一个新的领域，即牛顿科学思想与文学之间的关系问题。科恩在评论一本关于美国文学史的书时指出：文学史中应包括科学史。文学史可以为科学的讨论提供文学背景。

他的学生、同事研究了亚里士多德、柏拉图、阿里斯托芬（Aristophanes）

① Cohen I B. Reviewed work(s)：Benjamin Silliman, 1779-1864, Pathfinder in American science by John F. Fulton; Elizabeth H. Thomson The early work of Willard Gibbs in applied mechanics, comprising the text of his hitherto unpublished Ph.D. thesis and accounts of his mechanical inventions by Willard Gibbs; Lynde Phelps Wheeler; Everett Oyler Waters; Samuel William Dudley Yale Science. The first hundred years, 1701-1801 by Louis W. McKeehan. Isis，1947，38（1/2）：119.

② Cohen I B. Reviewed work(s)：Observaciones sobre el clima de Lima, y su influencin ea los seres organizados, en especial elhombre by Jose Hipolito Unanue. Isis，1942，33（5）：636-638.

与反科学传统、卡尔·沃伊特（Carl Voit）与生物学的定量分析传统、1860～1900年达尔文主义传播的思想因素、现实主义科学哲学的转变、19世纪科学与城市、为什么科学革命没有发生在中国，等等。从主题看，科恩的学生、同事研究了一些人物的科学思想、学科史发展的文化特征并涉及文化因素的一些专论；从国别看，涉及美国、中国、英国等不同国家；从学科史看，涉及物理学史、生物学史、科学哲学；从断代看，包括古代、近代和现代文化背景下的一些科学思想。这些体现了科恩的学生在继承科恩基础上的创新过程。

总而言之，科恩的研究主题影响了他的学生、同事，他们在继承科恩的基础上不断在研究主题等方面超越科恩。这也是科恩最大的希望，他希望科学史能够在更广阔的领域取得成果，促进人类文明的进步。

二、对同行的影响

科恩的一些著作被翻译成多国语言，而且他的一些著作被同行所评论，这是他的研究基础对同行产生的影响。

第一，对科恩论著的翻译和传播。科恩所著的《科学中的革命》《牛顿革命》等一些论著已被翻译成日语、中文、韩语、法语、德语等多国语言，有的被再版多次，成为很多国家科学史研究的经典著作。这是科恩论著在国际上产生影响的重要体现。科恩的著作被翻译的程度与再版程度反映了他的研究内容在其他国度产生的影响。作为一个多产的科学史学家，科恩的一些论著被翻译成多国语言，而他的论著被翻译的进程直接影响着被引证的程度。

（1）《新物理学的诞生》翻译概况。《新物理学的诞生》是科恩早期在本科生教学过程中的一个副产品，1959年出版。后被翻译成丹麦语、法语、德语、意大利语、波兰语、西班牙语和瑞典语等多国语言，使科恩这本书在很多国家产生了影响。

（2）《科学中的革命》翻译概况。《科学中的革命》是科恩在1985年出版的著作。后被翻译成丹麦语、法语、德语、意大利语等多国语言，使科恩这本书在很多国家产生了影响。

（3）《牛顿革命》翻译概况。《牛顿革命》是1987年科恩出版的另一本关于革命的著作。后被翻译成法语、德语、意大利语、波兰语等多国语言，使科恩这本书在很多国家产生了影响。

科恩著作被翻译的情况可以反映出科恩在不同国家产生的影响。翻译工作是科恩科学思想产生影响很重要的方式之一。

第二，对科恩论著的评论。科恩的著作，如《美国科学的早期工具》《科学的通识教育》《〈牛顿原理〉的介绍》《科学与开国元勋：杰斐逊、富兰克林、亚当斯与麦迪逊政治思想中的科学》等得到同行的评论，一方面同行肯定了科恩科学史研究一些创新的方面；另一方面也提出了一些诚恳的意见。这反映了科恩研究内容的影响。

第三，对科恩论著的研究。围绕科恩的著作，一些国家的学者发表了一系列论文，也是科恩研究内容产生影响的另一种形式。这种形式更多的是对科恩科学革命观的批判。这体现了科学史研究内容不断进步的历程。我国学者发表的论文包括《论失败的科学革命——兼评科恩的科学革命理论》《"科学革命"：知识生态圈的进化现象——对科恩鉴别"科学革命"四个判据的再思考》《论科学中的数学观念革命》《科学革命中信仰的改变》等。论文正是在研究科恩《科学中的革命》《牛顿革命》基础上发表的新观点。

总之，作为20世纪科学史巨匠，科恩的研究主题更多地体现为继承与超越的特征，同时也体现了科学史研究的新进展，这些研究主题是科恩科学编史思想与方法形成的基础。总体上，科恩在科学语境中分析了科学进展，并在此基础上分析了科学在政治、经济、社会结构中的作用。他的研究领域主要集中在人物研究、专题史和科学思想史。从研究主题容量看，他主要集中于科学与社会关系、*Isis* 研究、科学史教育等方面。科恩科学史研究的广度与深度，体现了综合史大师的风范。同时，他的科学史研究主题还体现了对前人的继承与超越。

第四章 科恩的科学编史思想

科学史以科学作为研究对象，科学进步观是对科学发展的根本看法。科学革命观是对科学革命发生历史性与逻辑性的根本看法。科学史观是对科学史发展的根本看法。科恩被公认为是一位综合史大师，他的科学编史思想集中体现在他的科学进步观、科学革命观和科学史观中，科恩的科学编史思想体现为语境论特征。研究科恩科学编史思想对促进科学史发展具有重要意义。

第一节　科学进步是传统与转变在科学领域辩证发展的过程

科学史作为科学的组成部分，对科学的研究离不开科学语境。科恩从科学语境中研究了牛顿、富兰克林、艾肯等人的科学思想，分析了科学发展过程中传统与转变、改宗现象等问题，并研究了科学发展的内在机制。

一、科学发展体现了科学思想的不断变革

人物是科恩研究的主要领域之一，他不仅研究科学家思想产生的影响，而且在科学语境中通过概念分析法等研究了科学家思想发展的过程。

（一）科恩对牛顿科学思想的研究

（1）科恩从20世纪50年代起主要研究了牛顿，并概括出“牛顿风格”。“牛顿风格”的精髓“是把精确科学的研究过程分割成两部分的能力：从想象的构筑或系统展开数学推论，然后运用所得到的数学结果对现象学上的真实存在作

出解释”[①]。

科恩在对“牛顿风格”进行研究时，将它划分为三个阶段：第一个阶段通常开始于对自然界的简单化、理想化，从而导致数学领域中一个想象的构筑；第二个阶段将经验数据与从这些数据得到的定律或法则进行比较和对照；第三个阶段牛顿将第一个阶段和第二个阶段中得到的成果应用于自然哲学中，精心构造了他的“宇宙体系”。科恩对“牛顿风格”的介绍是建立在他对牛顿科学思想研究的基础上。

（2）科恩还研究了牛顿思想变革的过程。科恩分析了牛顿持续作用力的产生过程。在牛顿时代，力的主要含义是一个物体撞击另一个物体或被另一个物体撞击时所产生的冲击作用或瞬间作用。牛顿一旦考虑持续力，他就必须引入力的作用时间。科恩倾向于牛顿发展了时间概念。

（3）科恩还研究了牛顿运动定律产生过程中思想的变化。牛顿通过两个思想实验，将清晰明确的碰撞的普遍规律扩展到吸引力。两个思想实验说明一个定理或者是从现象中演绎出来的，或者是归纳概括出来的。牛顿运动定律的发展过程是一系列变革的结果。

（4）科恩还研究了牛顿光学思想的发展过程。科恩在对牛顿进行研究时，发现牛顿的光学理论是建立在实验基础上的，牛顿本想让他的光学就像他的经典力学一样建立在数学基础上，但他的这个愿望没有实现。牛顿的光学体现了牛顿的另一种风格，即建立在实验研究基础上的科学。

科恩在对牛顿思想变化研究的过程中，发现人们认为牛顿仅仅实现了综合。科恩更倾向于牛顿引起一场革命，而不是仅仅的综合。

（二）科恩对达尔文种内竞争思想变化的研究

科学思想变革一个引人注目的例子可以从达尔文自然选择的概念变革同赖尔、马尔萨斯的关系中看到。这个例子说明了科学思想变革过程中很重要的三个要素：第一，具有变革潜力的概念的存在，如种间竞争的存在；第二，潜力概念同可能产生变革的思想的接触，如种间竞争与人口论的接触；第三，很重要的是一个认真思考科学问题科学家的存在。

---

① 科恩．牛顿革命．颜锋，弓鸿午，欧阳光明译．南昌：江西教育出版社，1999：12.

（三）对富兰克林电流体思想变革的研究

科恩研究了富兰克林的电流体或电物质的概念是怎样从牛顿以太概念变革而成的。牛顿曾经设想进入物质内部并充斥物质坚硬部分之间的缝隙的以太。在牛顿看来，以太可能有弹性，它可以膨胀而充斥各种各样的空间，并且在不同的物质里有不同的密度。富兰克林本人沉浸于牛顿实验哲学的传统中，并了解牛顿的以太说。当他开始思考可以产生电作用的物质时，牛顿的以太思想一定会立刻映射在他的脑海里。18 世纪的术语中，电物质是一种微粒的、稀薄的、有弹性的流体。富兰克林对电流体概念的变革过程不仅应用了牛顿的以太，而且具有重要的创新。一方面，这种流体的粒子与普通物质的粒子之间有吸引。另一方面，电荷遵循守恒定律。任何电荷的出现都同时伴随着数量相等而符号相反的电荷的出现；当电荷被消除时，也必须是同样数量的两种电荷互相抵消。“富兰克林的电荷守恒定律是牛顿关于以太的原始概念所没有的，它是富兰克林创造性革新所达到程度的标志。”①

总之，作为科学史学家，科恩非常重视在认知语境中研究科学家关于科学概念变革的过程。科恩认为：对科学思想变革的研究是科学史学家的任务之一，他提出了对科学家思想变化研究的模式。即通过概念分析法、历史分析法等研究科学概念、理论、方法被另外科学家所运用的方式与创造方面。在科学领域，不变的只是科学概念和定律的名字，关键是应研究这些概念和定律创造性的真正步骤。

二、科学发展是科学传统与科学进步辩证发展的过程

20 世纪 80 年代是科恩科学发展思想重要的转折期。科恩从“转变”过渡到“革命”，表明了牛顿的影响不是“综合”而是“革命”。科恩还研究了科学传统与科学进步的关系问题。一般来讲，传统对革新或进步是有敌意的。科恩认为，传统与科学进步是相辅相成的。

一方面，传统使科学进步很困难。因为科学家在放弃他们所拥有的信念时，往往希望尝试各种仪器以挽救已被接受的教条。只要可能科学家要坚持以前的概念或理论。似乎传统是科学进步的障碍，传统使科学家发现新的科学思想很困难，同时也使科学家接受一个新思想也很困难。突破传统有两种类型，一是

---

① 科恩. 牛顿革命. 颜锋，弓鸿午，欧阳光明译. 南昌：江西教育出版社，1999：186.

一些科学家在失败过程中承认重要的发现。从地心说到日心说就说明了创新的引领者是很重要的。二是成功的新的理论或概念被他的同事或共同体所承认成为他们新的传统。科学发展的过程是科学传统不断被代替的过程。

另一方面，传统在科学进步过程中具有重要作用。首先，传统是科学进步的原因之一。传统要求新的科学思想或概念展示它优于传统概念。“如果没有科学传统，科学家热衷于每种可能的思想，科学事业将被认为是混乱的而不是积极的进步。”①传统成为科学进步的基础和标准。其次，科学进步的过程是新的传统代替旧的传统的过程。科学进步过程中传统的理论或概念被继续使用，因为它们是有用的。当旧的理论或概念无法容纳新的理论时，新的概念或理论被构想代替旧的理论，直到新的理论或概念被广泛接受成为新的传统。虽然由于传统新的理论的接受可能被推迟，但最后新的理论被接受“靠这种程度即新的思想比旧的思想更好地解释或说明更广泛领域的知识或能解释新的现象或者应用越来越少的简单或基本概念”②。

总之，在科恩看来，传统与科学进步是辩证统一的。对于科学史来讲，我们不仅需要研究科学进步，而且需要研究科学传统。科学发展过程就是新传统借鉴与替代旧传统的过程。

三、科学进步体现了人们对不同时期科学看法的变化

科恩从历史语境中研究了 17 ～ 20 世纪人们对科学的看法。人们对科学的看法与人们的认识水平、科学技术发展特征、社会因素等紧密联系在一起，使人们产生对科学的恐惧。自科学诞生以来，人们对它的看法处于不断变革之中。从历史语境看，对科学的恐惧一直存在，只不过是在不同的时代，恐惧的形式不同而已。科恩在历史语境中研究了人们对科学从恐惧到认同的不同形式。

1. 17 世纪科学被认为是黑暗艺术

在17世纪，人们偏向于相信科学是黑暗艺术。科学与巫术紧密联系在一起，科学实验被认为是威胁自然不正常的活动。科学家被认为是人类的威胁。科学家在揭开本应是自然力的客观存在，最后的结果却是给人类带来黑暗而不是光

---

① Cohen I B. Orthodoxy and scientific progress. Proceedings of the American Philosophical Society, 1952, 96 (5): 509.

② Cohen I B. Orthodoxy and scientific progress. Proceedings of the American Philosophical Society, 1952, 96 (5): 512.

明。17 世纪人们对科学的恐惧不同于其后的时代，当时科学还没有真正成为改造自然的力量。人们对科学的恐惧多是来源于内心世界的感触。

17 世纪人们对科学的恐惧来源于这样的境况。一是受人们认知水平的局限。17 世纪，科学还没有完全从哲学中分离出来，科学与巫术联系在一起。它们都是在探索关于自然的神秘性。而巫术给人们留下的更多的是神秘与恐惧。因而，在 17 世纪科学自然也被认为是恐惧的。二是受科学本身发展水平的局限。17 世纪炼金术既是新科学的一部分，又是“自然巫术”的一部分。像化学这样的实验科学自然像巫术一样与黑暗或神秘力量联系在一起。科学本身的发展水平决定了人们对它的恐惧。三是受人们传统观念的局限。17 世纪神的意志还在支配着人类的行为。科学设法反对神的意志，因而科学家的实验可能引起灾难性的后果。人们的这种传统观念加剧了人们对科学的恐惧。四是来源于人文主义者对自然科学的抵触情绪。17 世纪，人文主义者经常怀疑科学家。“可能因为妒忌科学家获得经济和其他津贴的支持”。①

2. 18 世纪科学被认为是一种进步

18 世纪科学逐步与进步联系在一起。通过实物和实验展示、讲演、杂志等形式，使公众理解科学和热爱科学，促使科学从科学家群体走向百姓生活。科学表现出在促进社会、人类关系、人类自身等方面的不断进步。这都是由于科学给人类带来的进步而获得的信任。

18 世纪科学被认为是一种进步，来源于科学给人类带来进步的结果。原因表现在两个方面。一是科学传播使更多的公众能够理解科学，认识到科学给人类社会带来进步的结果。科学的神秘感越来越少，科学呈现给公众进步的内容越来越多。二是科学给人类带来进步的结果使公众相信科学。因为科学能够延长人们的生命、治疗疾病。

3. 19 世纪科学被认为是万能的

19 世纪，科学不仅成为新工业的基础，而且发现了产生疾病的微生物。科学力量不断在社会的不同方面扩展。科学不但在科学领域引起变化，而且在人类其他事务中也引起变化。在这种境况下科学被认为是万能的，也是很自然的。

---

① Cohen I B. The fear and distrust of science in historical perspective. Science, Technology and Human Values，1981，6（6）：20-24.

19世纪科学被认为是万能的，这种观点来源于以下两个方面。一是公众看到科学改变人类社会生存和生产方式带来的结果，使公众越来越信任科学。二是公众对科学的一种心理期望。当公众看到科学在解决疾病、发展生产力、改变人们生活等方面取得的成果时，就会产生一种心理期望，即对于人类产生的一切问题，可能都可以通过科学来解决。这种心理期望扩大了科学的功能。但是，公众只看到科学给人类带来好的一面，而忽视了另一面。20世纪公众越来越认识到科学的双面性特征。

4. 20世纪科学被认为是潜在的危机

20世纪人们反对过度赞美科学。因为人们越来越理性地看到科学给人类带来的一些负面作用。

首先，人们将建立在科学基础上的技术被广泛应用带来的失业问题归因于科学。也就是科学应对失业负责。特别是在1930年经济危机的加深，一些宗教人士和劳工者期望科学延缓衰退。但是，科学的应用会产生越来越多的技术性失业。

其次，科学擅自改变自然，造成死亡和毁灭。环境主义者和反科学者认为“科学不可能脱离建立在它基础上的技术，科学家必须承担他们造成的后果”[①]。很多科学家偏向于认为由科学产生的技术怎样被使用很大程度上是由社会的意志决定的而不是科学家自身的责任决定的。在科恩看来，“这个问题不仅应该对个别科学家研究的成果被使用负责任，而且是整个知识系统应负起责任。在这个系统里每个科学家只承担一个角色。我不赞同科学家负责科学应用于技术而产生的后果”。[①]

20世纪科学被认为是潜在的危机，来源于这样几个方面的原因。一是来源于人们的信念。由于人们看到因为科学而产生的技术给人类带来越来越多的负面影响，人们开始怀疑和害怕科学。二是来源于一种自然观。“即所有科学带来的罪恶来源于擅自改变自然，而不是来源于保留自然本来面目。”[①]这种自然观要求科学的发展要与自然和谐相处，否则将给人类带来巨大的灾难。三是来源于自然科学、社会科学与行为科学构成的科学系统的作用。科学作为技术的基础，它本身并不能给人类带来灾难，关键是社会科学和行为科学对自然科学的看法。如果社会科学与行为科学不能看到自然科学可能存在的潜在危机，而是

---

① Cohen I B. The fear and distrust of science in historical perspective. Science, Technology & Human Values, 1981, 6 (6): 22.

一味地转化为现实生产力，社会科学和行为科学将放大自然科学的力量，使人类更加害怕这种后果。因此，要实现科学与自然和人类的和谐发展，必须要树立正确的科学观、价值观和发展观，促使科学向越来越人性化的方向发展。

四、科学进步是科学与社会多因素的相互作用

科学作为一项社会事业，它的发展离不开社会因素。科恩将科学放入广义的社会语境中进行研究。

（一）科学与社会、政治之间的关系

科学发展的水平受到社会和政治因素的影响。科恩作为二战期间的科学史学家，强烈地感受到社会对科学的影响。科恩分析了二战期间科学与战争之间的关系问题。

1. 科学发展以社会和政治为背景和条件

科恩分析了不同时代社会和政治对科学发展的不同作用。政治和社会活动对科学的作用表现在六个方面。

第一，政治和社会活动影响着科学发展的领域。随着大科学时代的到来，社会为科学发展提供人力和财力。这可以从美国的“阿波罗登月计划”“曼哈顿计划”等看出。科学活动越来越制度化了，社会不仅承认科学的独创性，而且赋予它很大的价值，社会给予成功的科学研究大笔的奖金。社会之所以愿意支持科学活动，原因在于社会对科学有实际的期望值。为了改变人类健康、交通运输等条件，人类在不断地支持不同领域科学的发展。

第二，政治和社会活动影响着科学发展的速度。“大规模的财政支持，能够加快科学进步的速度，能够使更多的领域向具有革命性的科学活动开放。”[①]

第三，政治和社会活动决定着科学的应用范围和领域。二战后，曾有些人认为科学家应对科学应用于战争负责。科恩通过分析得出科学应用于战争是政治家和社会选择的结果，而不是科学家能够控制的。

第四，政治和社会活动对科学发展也有一些阻碍作用。笛卡儿主义的势力在不同时期对法国科学界从思想到机构的控制，苏联的李森科事件，纳粹德国

① 科恩．科学中的革命．鲁旭东等译．北京：商务印书馆，1998：26.

的集权主义等对科学发展产生了负面影响。

第五，科学的发展需要得到社会的承认。科学作为社会事业，它的发展需要得到社会承认，才能转变为现实的力量。历史中有很多科学理论由于得不到社会的承认而被抛弃或推迟。19 世纪 60 年代孟德尔的遗传学、19 世纪 70 年代范托夫提出的不对称的碳原子概念、20 世纪初魏格纳提出的大陆漂移学说等由于没有得到同时代社会的承认而被抛弃或推迟。因此，科恩在对科学革命研究时认为，科学革命的发生“还有一个重要的社会组成部分——新的范式被科学共同体接受”[①]。科学共同体接受新理论的程度直接影响了新理论的发展。这里的社会因素包括科学共同体、目击者的证明。从认识论角度看，新理论的产生将会改变人们长期以来固守的信念，这就往往遭到传统观点、传统理论持有者的反对，以达到维持旧观念的目的。另外，由于受知识背景、主观认识等方面因素的影响，新的科学理论受到猛烈回击。这些已成为科学发展过程中不争的事实。因此，社会承认新理论的程度直接决定了科学发展的速度。

第六，科学机构的变革促进了科学的发展。科学与社会关系的另一种表现就是科学组织机构的变革过程。20 世纪 40 年代，英国科学家、哲学家和社会学家波拉尼探讨过科学共同体的某些问题。美国社会学家默顿十分强调科学共同体的作用，他提出科学共同体的准则即规范性、普遍性、公有性、大公无私和有根据的怀疑性。1962 年，美国科学史家和科学哲学家库恩的《科学革命的结构》出版后，科学共同体更加引起科学社会学界的广泛重视。

科恩在《科学中的革命》中从历史角度分析了 19 ～ 20 世纪科学机构变革的过程，并分析了科学机构的变革如何在人员、资料、资金等方面为科学发展提供组织上的保障。在科恩看来，17 ～ 18 世纪科学机构的变革主要体现为科学共同体的出现，如英国皇家学会、巴黎科学院等机构的先后建立。19 世纪，随着科学家和群体力量的壮大，出现了专业学会、专业的科学杂志，如英国地质家协会、法国的《物理学杂志》、英国的《哲学杂志》等。19 世纪末 20 世纪初，科学机构中的变革主要表现为大学、工业实验室、管理机构的出现。二战以来科学机构的变革主要表现为政府的巨额支出和有组织的研究。科学组织机构的变革体现了科学与社会关系的另一种模式。

① 科恩．科学中的革命．鲁旭东等译．北京：商务印书馆，1998：34.

2. 科学对社会和政治的变革作用

科学的发展在社会和政治领域的作用表现为间接的，带来的后果可能是促进政治和社会进步，也可能是消极的。

一方面，科学对政治和社会的影响是间接的。科恩分析了这种间接作用。第一，科学通过技术革新影响着人们的生活。例如，聚合物化学、雷达、超音速飞行、核动力等的推广和应用影响着人们的生活方式。第二，科学被应用可能间接出现旧职业的消失和新职业的出现，引起就业结构的变革。第三，科学思想可能间接影响人们的意识形态。达尔文的《物种起源》、哥白尼的《天体运行论》等科学思想的影响超出了严格的科学范围之外，改变着人类的传统思维方式和观念。但是，科学发展并不一定引起人们意识形态的变革，如场论物理学、量子力学、分子生物学等并没有引起人们观念的变革。第四，科恩通过案例分析了科学对政治产生的影响。科恩还分析了科学对美国的公共政策产生的影响。第五，科学还对文化、文学等产生间接的影响。科恩在他的书评中体现了这些观点。

另一方面，科学成果的应用给社会和政治带来了双性的作用。科学成果的应用范围和广度是由社会的选择决定的。一方面，科学成果的应用促进了社会的发展。每一次科技革命，都促进了社会的转型，使人类社会从传统的农业社会转入工业社会，再进入信息社会。另一方面，科学成果被应用于军用领域或自然领域给人类带来的环境污染问题，就人类生存的条件而言，科学应用并不意味着真正的进步。

（二）自然科学与社会科学之间的互动关系

17世纪以来，自然科学与社会科学处于分离的状态，但是，二者不是绝对的分离，在研究方法等方面又彼此联系在一起。在科恩看来，自然科学与社会科学的关系不仅是一个学术问题而且是与政治问题紧密地联系在一起，科恩集中分析了为了使社会科学建立在自然科学基础上，自然科学确实被使用的情况。社会科学要寻求一种合法化，它的合法化程度类似于自然科学和包括类似于自然科学的特征、概念、法则和一些理论。科恩从历史的角度研究了自然科学与社会科学的关系问题，也体现了他本人的科学观。

1. 社会科学家仿效自然科学为他们的主题寻求一种模式

科恩从历史语境中分析了社会科学家寻求自然科学帮助的原因。自科学革命以来，很多社会学家仿效自然科学，以建立社会科学理论。这来源于社会科学自主化发展的客观需要。一是在社会领域使用自然科学的方法可以获得诸如自然科学一样的赞扬，使社会科学处于一种科学模式之中，让社会科学看起来像自然科学一样，从混乱走向规范。二是社会科学可以通过这种形式放弃对已建立的传统权威的信任，以重新开始一种新的权威。三是获得更多的资金支持。19世纪以来，自然科学家获得更多的资金支持，社会科学要想使自己的研究获得支持，应像自然科学那样规范、定量研究，才可能获得相应的支持。

2. 自然科学在社会科学中被应用的过程

科恩从历史语境中研究了自然科学在社会科学中被应用的条件、途径、评价的标准。

自然科学能够在多大程度上被社会科学所应用，很重要的因素是社会学家对自然科学的理解程度。“只有对社会科学感兴趣同时具有科学的、数学基础的学者被证明能胜任这个任务。”[①]所以，自然科学方法被应用需要社会学家具有一定的科学素养。科恩在研究牛顿科学对美国政治产生的影响时，发现美国的建国之父们都在大学受过科学方面的教育。这些人又通过类比暗喻将这些科学思想用于他们的政治讨论和著作中。

科学通过类比、暗喻将科学价值系统转变为政治论述的一种方式。科恩还从历史语境中分析了自然科学变化的特征在社会科学中的体现。科恩通过案例研究了科学概念和原理在美国建国之父们的政治思想中产生的影响。具体分析了英国医生威廉·哈维的医学对詹姆斯·哈林顿政治思想产生的影响，以及牛顿原理对富兰克林和杰斐逊起草的《独立宣言》和宪法的影响。

3. 科学变化的特征在社会科学中的体现

长期以来，连续的变化是自然科学最基本的特征。因为变化自然科学领域不断发生变革。由于变化的特征，自然科学与社会科学关系的研究在不断增加。而且社会科学在借鉴自然科学的过程中逐步走向自治。这也是自然科学影响社

① Cohen I B.Interactions：Some Contacts Between the Natural Sciences and the Social Sciences. Kluwer Academic Publishers，1994：189.

会科学的结果之一。

社会科学仿效自然科学产生了其所使用方法的有效性和所探讨问题的合法性。一致的观点是数据材料、可接受的数据技术、图表、其他数学工具，包括计算机模式的使用，不但使社会科学看起来像物理学，而且产生了这样的结果即定量分析。

五、科恩科学进步观的意义

科恩的科学进步观主要建立在历史证据基础上，呈现出科学发展科学性、历史性和社会性。他的科学进步观为他的综合史研究打下了坚实的基础，但也存在一些不足。

（一）科恩科学进步观的意义

科恩的科学进步观反映了科学发展过程中的科学性、历史性和社会性，呈现出科学发展的多维度性和客观性。

首先，科恩的科学进步观反映了科学发展的语境性特征。科学作为一项社会事业，它的发展是在认知、科学、历史和社会语境中进行的。认知语境反映了科学发展过程中人类认识层次的不断变革；科学语境反映了科学发展过程中科学发展的特征和机制；历史语境反映了科学发展过程中的历时性特征；社会语境反映了科学发展过程中科学与政治、社会因素之间的关系问题。科恩的科学进步观比较客观地反映了科学发展过程中科学与其他因素之间的关系问题。

其次，科恩的科学进步观反映了科学发展过程中各种因素之间的有机关系。科恩的科学进步理论之间不是彼此分离，而是有机地联系在一起，形成一个整体。只有这样，才能保证对科学发展分析的客观性、真实性，还历史本来面目。

再次，科恩的科学进步观客观反映了不同时代科学发展的特征。不同时代科学的发展所涉及的语境因素范围和作用是有所不同的。过去一些科学史学家将不同时代科学的发展归于一种或几种模式。例如，库恩的范式理论、卡尔·波普尔（Karl Popper）的证伪理论、费耶阿本德的怎么都行理论等都存在很大的缺陷。原因就在于他们将复杂的科学发展过程简化为某一种或某几种模式，忽视科学发展的个性特征，显然不符合科学发展的客观过程。因为科学发展过程是个性与共性的统一，个性寓于共性之中，共性体现个性。但是，个性不是共性，当然，共性也不是个性。科恩的语境论科学观将对科学的分析放入广义的语境中进行研究，实现个性与共性分析的统一。

最后，科恩的科学进步观对他的科学史观产生了重要影响。科学观是科学史观的基础。有什么样的科学观就有什么样的科学史观。科学发展的多维度性直接决定了科学史必须放入广义的语境中进行研究。

总之，科恩的科学进步观对客观反映科学发展、促进科学史研究都具有重要意义，但是他的科学进步观也存在一些不足。

（二）科恩的科学进步观的不足

科恩的科学进步观确实反映了 17 世纪以来科学发展的一些客观规律，但也存在一些不足。他对科学发展的认知语境分析不全面，对科学家个人素养的作用谈及很少等。

首先，对科学产生过程认知语境的分析不全面。科学作为一项创新活动，它的发展离不开科学家的思维创新过程，也就是说离不开对科学家在认知语境中的创新。科恩本人也认识到认知语境的重要性，他在认知语境中分析了牛顿科学思想变革的过程。但他又认为对于认知过程的研究，由于缺乏历史证据而不能进行深入的分析。

科学家的认知语境在科学发展过程中具有重要作用，它是新的科学理论或科学体系建立的源泉。第一，科学家认知语境的研究反映了科学发展的继承性与突破性。新的科学理论或科学体系的产生过程不是科学家异想天开的事情，是在继承前人基础上的突破。只有对科学家的认知语境进行研究，才能反映出这种继承性与突破性的内在联系。第二，科学家认知语境的研究对现代科学发展具有重要的借鉴价值。科学发展过程既体现个性的作用，也体现出一些共性的特征。通过对科学家认知语境的研究，有助于发掘科学发展过程中个性与共性的内在关联性。很多科学家提出新的科学理论或科学体系既具有必然性又具有偶然性，本身就是必然性与偶然性的统一。第三，科学家认知语境的研究对中国具有重大的现实意义。一百多年来，中国本土培养的诺贝尔奖获得者很少，关键原因就在于我们的创新跟不上，特别是认知语境中的思维创新落后。没有思维创新，就没有理论创新和实践创新。因此，我们应加大对科学家认知语境的研究，反映科学发展过程中科学家的认知过程，这对当代中国科学发展具有现实意义。

其次，科恩的科学进步观带有一定的主观性。虽然科恩的科学观建立在历史证据基础上，但是科恩所称的一些证据明显带有主观色彩。科学革命是科学进步的重要形式，科恩提出的科学革命发生的四个判据明显带有主观色彩。第一，对目击者的分析带有主观性。如果没有目击者的证明，科恩不会过于相信发生过一场革命。但是对于目击者证明不一致的证据该如何取舍，显然带有明显的主观色彩。科学发展过程中，往往存在不同主体之间意见的不一致。科学发展过程就是不同理论在不同主体之间竞争的结果。很显然，目击者的证明在多数情况下存在不一致，这就无法保证证据的客观性。这就要求进一步分析目击者的证明的真实性与客观性。而科恩只是通过有限的目击者的证明就判断一些革命的发生，显然包含了科恩和目击者更多的主观因素。第二，对据说曾经发生过革命的那个学科以后的一些文献进行考察，这一判据也是带有明显的主观色彩。一方面，这些文献可能存在不一致甚至相反的判断，应该如何分析呢？显然，科恩没有分析这种情况，而这种情况确实在现实中存在着。他对一些科学革命的分析，似乎有先入已见的嫌疑。因此，他选择的一些判据是有利于他得到相应的结论。另一方面，对于相同的理论可能在不同国别里文献资料存在不一致。我们应以哪个国家或哪个区域的文献资料为主呢？显然在资料的选择上也存在主观选择的问题。第三，对有相当水平的历史学家尤其是科学史学家和哲学史学家们的判断，这一判据也带有主观色彩。一方面，对于相当水平的理解，不同的主体会得出不同的结论，也就是说不同主体在判据有相当水平的历史学家、科学史学家或哲学史家时，由于标准或认识的不一致而导致认识的偏差，最后影响判据的选择。另一方面，即使是公认的大家，他的判据也可能存在严重的失误。例如，18 世纪的历史学家巴伊认为 16 世纪哥白尼引起了一场天文学革命，他的这种观点影响了其后科学史学家的判断。因此，即使是有相当水平的大家也可能得出不符合历史事实的判断。这样，这个判据的主观性更强。因此，科恩的科学进步观带有明显的主观色彩，不能客观评价科学发展的过程。这要求进一步修订以符合科学发展的客观过程。科恩本人也承认“这四项标准终归还是些主观的标准”①。

总而言之，科恩作为综合史大师，他的科学进步观反映了科学发展的客观过程及各因素之间的关系，对于他的科学史观具有重要的影响。

① 科恩．科学中的革命．鲁旭东等译．北京：商务印书馆，1998：62.

第二节　科学革命是建立在证据基础上的改宗现象

科学革命作为科学发展的一种突变形式，在科学史发展过程中有很多科学哲学家和科学史学家为它下过定义，反映了科学革命发生的某一个方面的特征。科恩也提出了他自己的革命观。

一、科学革命是一种改宗现象

科学革命是与社会革命相对应的概念，是科学哲学、科学史研究的重要领域，我们只有弄清楚它的含义，才能在此基础上解决历史中是否有科学革命发生、如何发生的问题。就科学革命而言，它具有基础性、继承性、革命性与相对性。科学革命发生的基础性体现为两个方面：其一，科学革命是基础科学领域取得的重大突破，基础科学革命是应用科学革命、技术革命和产业革命的基础和前提；其二，科学革命是科学理论基础性概念、理论体系、基本思维方式的重大突破，这是科学连续发展与间断发展的重要区别。在某一学科领域，理论体系必须是后继理论对先前理论的重大变革，也就是说科学革命必须是继承中的重大突破。即使在同一领域，研究对象相同，如果两种理论之间没有继承关系，而是各自独立发展起来，如中医和西医，它们之间是不存在科学革命的。科学理论在继承基础上的重大突破是科学革命发生的前提和必要条件。科学革命最重要的特点是它的革命性，是科学中心概念、理论、观念等的根本性变革。科学革命的相对性指科学革命相对于科学渐进式发展模式具有革命性；同时科学革命的发生本身也具有相对的大革命与小革命之分。

（一）关于科学革命的内涵

学者从科学革命发生的不同视角提出了科学革命的内涵。主要表现为以下几个方面。

1. 科学革命是科学中心概念的替换

科学革命首先表现为概念革命。在科学中一切认识基于概念。每门科学都是由概念体系组成的，科学概念体现了人的信念与指称对象之间的统一性以及科学理论与科学思维的统一性。科学革命的发生首先是科学中心概念的替换过程，我们称之为概念革命。一个系统的核心要素决定其系统的结构和功能，中心概念的突变必然引起概念体系结构的变革，进而上升为科学理论范式的更替、科学观念的重大变革。萨伽德（P. Thagard）确定了概念变化的九个程度，其中“主干转换改变概念层次树的组织原则，是最根本的变化，它影响到整个分枝的合并、分化和重组”[①]。中心概念的转换必然引起概念的主干转换，在此基础上引发概念革命。拉卡托斯（Lakatos）也认为，作为科学研究纲领核心的“硬核”就是指科学概念体系，它是研究纲领的基本理论和基本主张，一旦研究纲领的“硬核”遭到反驳与否定，被新的“硬核”即新的概念体系所代替，科学革命就发生了。哥白尼革命首先表现为“日心”概念对“地心”概念的根本改变，同时引起主干概念结构的重大变革，体现为两个概念体系中宇宙中心、中心状态、行星与中心的关系、恒星天的状态、行星与中心的位置顺序等的根本不同，是天文学中心概念替换引起的科学革命。麦克斯韦革命是在对法拉第中心概念变革基础上实现的，即从电力、磁力、力线、场到位移电流、涡旋电场的中心概念的替换。中心概念的替换是科学革命发生过程中理论、观念变革的最直接证据，是科学革命发生的最内层变革。

2. 科学革命是科学理论范式的更替

“科学革命”的概念源于18世纪，主要指“科学在一定时期的重大间断，以至形成与过去明确的决裂”[②]。1773年拉瓦锡宣布他的研究纲领将导致一场革命，1790年丰特奈尔称微积分的发明是18世纪数学中的一场革命。该时期，人们对科学革命的认识是比较模糊的，只要是新科学理论与旧科学理论发生决裂，就是科学革命，将科学革命定义在理论层面上，而且产生了两种理解，一种情况是似乎新理论产生后，旧理论依然存在并使用着，另一种情况是新理论完全代替了旧理论。18世纪后期，贝尔（Bell）在他所著的《近代天文学史》中指出，对于科学革命来讲有大小之分，对于大规模的科学革命，都需要经过两个阶段。“一是反叛，要摧毁已被承认了的科学体系；二是引入新的科学体系取代旧的科学体系。”[②]科学革命的发生不仅反叛，而且要实现新的理论代替旧的理论。20世纪，大多数科学史学家及科学哲学家仍认为科学革命是科学理论的重大变革过程。例如，科学史学家库恩认为科学革命的发生过程是科学理论之间的不可通约性引起范式更替的过程。1973年，在牛津大学的一次讲座上，卡尔·波普尔（Karl Popper）就认为“科学革命是一种新的理论合理地推翻一种已

---

① 魏屹东．广义语境中的科学．北京：科学出版社，2004：160.
② 科恩．牛顿革命．颜锋，弓鸿午，欧阳光明译．南昌：江西教育出版社，1999：44.

被确立的科学理论”。

3. 科学革命是科学观念的重大变革

科学观念是人们从事科学研究对自然界某一部分或某一方面总的看法。科学观念代表一个学科在一定时期科学思想的精华，是指导科学发展的思路与准则。1943 年，法国科学史学家柯瓦雷将科学革命导致的观念变革赞誉为自古希腊以来“人类思想所完成或经受的一场最为意义深远的革命”①。科恩认为科学革命首先是观念发生改宗的过程，是接受新观念抛弃过去已被接受的信仰的过程。科学社会学奠基人贝尔纳（J.D. Bernal）也认为许多科学观念的改变综合成为一场科学革命。爱因斯坦也认为科学发展过程中有量的积累，也有质的飞跃，科学革命主要表现为科学观念的变革。17 世纪物理学革命是一场培根式的物理学数学化的观念革命。19 世纪达尔文生物学革命是一场非数学的培根方式革命。19 世纪末 20 世纪初麦克斯韦革命、相对论革命和量子力学革命都是以概率论为特征的观念革命。“板块学说革命实质上就是地球观的革命，即新的活动论地球观取代了作为以前地球构造理论根基的旧的固定论地球观。”②对于大型的科学革命而言，必然引起该学科科学观念的变革，观念变革是理论变革的发展与升华。科学革命还引起了人们世界观的重大变革。对于哥白尼在天文学方面的贡献，不仅引起了天文学领域理论的变革，而且引起人们对天体运行观念的重大改变。

4. 科学革命是科学思维方式的转换

科学革命不仅促进了科学理论、科学观念的重大变革，而且引起科学思维方式的重大变革。思维方式的重大变革不仅体现在科学革命发生之中，而且体现在革命发生之后的科学、社会领域之中。大型科学革命一般都引起思维方式的重大变革。柯瓦雷认为牛顿的工作是综合的，即牛顿将哥白尼、开普勒、笛卡儿、伽利略、惠更斯、胡克、沃利斯和雷恩这些前辈或同时代人的贡献集中在一起。科恩认为，牛顿引起了一场革命，是标志近代精确科学诞生的革命。这一革命的特征集中体现为“牛顿风格”，即把精确科学的研究过程分割为两部分的能力：从想象的构筑或系统展开数学推论，然后运用所得到的数学结果对现象学上的真实存在做出解释。“牛顿风格”是牛顿思维方式的集中表现，可概括为机械论的思维方式，将天上的和地上的物体运动的规律用机械力实现了统

---

① 胡翌霖．科学革命究竟是什么？——评夏平“不存在科学革命”说．中国图书评论，2012，(7)：18-22.

② 诸大建．从板块学说看科学革命的若干问题．自然辩证法通讯，1990，(1)：13-17.

一。这种思维方式进入哲学领域，形成了孤立、静止、片面看待世界万物的思维方式。生物进化论、地质演化理论将发展、演化的思维方式展示给我们。经典电磁理论将场理论的思维方式展示给我们。因此，科学革命是科学思维方式的重大变革。这种新的思维方式首先体现为科学家对世界的认知模式，后外化为人们对科学、世界一种新的思维方式。

5. 科学革命是对社会领域的重大变革

哥白尼在天文学方面的贡献更多的是在社会语境中引起的革命。库恩认为，“哥白尼革命并非仅仅是科学中的一场革命，它是人的思想发展和价值体系中的一场革命”[①]。库恩重视科学革命在社会语境中的变革性。20世纪40～50年代，受马克思主义史学观的影响，苏联和英国一些科学史学家从政治学和社会学角度分析科学革命。苏联的黑森认为，牛顿革命的发生是以新兴资本主义商业经济的发展和与之相关的实际经济问题的逐渐增加为基础的。牛顿新物理学体系的建立正是在解决当时英国采矿、造船、枪炮制造等技术问题上建立起来的。科学社会学家贝尔纳也认为对于科学革命应看它在社会领域中所起的作用或在社会中的功能。他们的共同点就是将科学革命放在社会语境中进行分析。

综上所述，科学革命是人们在认识论基础上实现的科学中心概念、科学理论、科学观念、科学思维方式的重大变革。但是，这些只能反映科学革命在科学语境中的变革性作用，对一些大型科学革命，它还引起社会语境中价值观和产业结构的重大变革及历史语境中历史观的变革。显然上述任何一种对科学革命的阐述均存在一些不足。

（二）科恩认为科学革命是改宗现象

科学思想史是科恩研究的重要领域，科恩将科学领域的变革过程类比于改宗现象。而很多科学史学家都很重视对科学领域变革思想的研究。1967年，科恩在《动力学：17世纪“新科学”之关键》一文中指出，科学上创新的程度要由对特定变革的实质的精确分析来衡量。把创新看作是变革，有助于史学家寻找不变性，即概念和定律的哪些方面不受变革影响，如名字、形式、应用范围、其他概念或定律的关系，甚至概念或定律在科学上得到承认的理由以及包容这些概念或定律的理论的性质。因此，科恩“把寻找变革的可能来源和以前的用

① 科恩．科学中的革命．鲁旭东等译．北京：商务印书馆，1998：132.

法作为历史指导原则”[①]。马赫认为所有创造性的革新从本质上说都是变革，他使用生物学的类比，从一种思想到另一种思想的变革方式就像在物种中一个物种逐渐演变到另一物种那样。柯瓦雷很重视对变革的研究。迪昂讨论安培时简要地提到变革的概念。因此，科学发展过程是观念不断变革的过程。科学家和科学史学家承认观念的转变是科学发展过程中很普遍的现象。科学发展过程就是观念不断变革的过程。

科恩不仅承认和研究了科学中一些概念的变革过程，而且同库恩一样，认为这种变革是科学领域中的改宗过程。库恩在《科学革命的结构》书中明确讨论了“从忠诚一个范式转变为忠诚另一个范式，这是一个类似于转变宗教信仰的行为”[②]。科恩将基本观念转变的烈度作为从理论革命到科学革命转化的标志，并将这种观念的转变视为改宗现象。科恩列举了很多科学中发生的改宗现象，并记录和分析它们。改宗现象这种提法本身体现了概念的变革过程，它将宗教学领域的改宗应用到科学领域，比较形象地反映了科学发展过程间断性与连续性的特征。

改宗现象一方面反映了科学革命的一个特征，另一方面也反映了科学发展过程中渐进与突破的关系问题。科学作为一项事业，它的发展过程是渐进与突破的辩证统一。改宗意味着根本改变和接受完全不同的理论或观点，体现科学革命的特征，而渐进体现的是遵循原来的信仰，所以是否改宗成为区别科学革命与科学渐进的重要特征。

科恩从两个层次研究了科学中的改宗现象。首先，他研究了科学概念、理论在自然科学内部引起的改宗过程。科恩在《科学中的革命》一书中，通过大量的案例说明了科学革命过程中不同自然科学的改宗过程。科学革命发生过程也就是科学领域新的概念、理论在不同群体之间引起改宗的过程。

其次，科恩研究了科学概念、理论在自然科学与社会科学之间引起的改宗过程。科恩在他的《相互作用：自然科学与社会科学》一书中研究了自然科学对社会科学、社会科学对自然科学改宗的历程与模式，如自然科学发展的评价体系改宗着社会科学领域的观念。自然科学与社会科学的关系不仅仅是一个学术问题而且是与政治问题紧密地联系地一起。社会科学寻求一种合法化，它的合法化的程度类似于自然科学。因为人们考虑科学应该是什么时很多人首先考虑到的是物理学，当社会科学以物理学的方式建立在广泛的数字基础上或显示

① 科恩．牛顿革命．颜锋，弓鸿午，欧阳光明译．南昌：江西教育出版社，1999：315.
② 科恩．科学中的革命．鲁旭东等译．北京：商务印书馆，1998：584.

数学程序时，它对普通公众来说是最令人佩服的。当然，社会科学也在影响着自然科学，改宗着自然科学。它们之间的改宗是通过类比、同源、隐喻等多种类型来实现的。

总之，科恩在科学语境中研究了科学家科学思想的发展过程、科学发展过程的变革及改宗现象。科学语境中科学发展历程的研究为历史语境、社会语境中研究科学奠定了基础，为实现综合史研究创造了条件。但是，改宗反映了科学革命发生过程中观念变革的过程，并不能反映科学革命发生的全过程。因此，需要通过一种方式融合科学革命的不同概念，而这种方式就是科学革命概念的语境化。

（三）科学革命的语境内涵

科学革命是科学发展过程中基础性、继承性、革命性与相对性的辩证统一。而科学革命的发生过程是科学革命在认知、理论、社会、历史文化等语境中传播与变革的过程，是科学认识论上取得的重大突破与其在社会领域传播与变革过程的统一。因此，科学革命的内涵应体现它的语境特征。

科学革命的发生过程是有层次的，其中认识语境是科学家个体科学观念、科学思维方式的重大变革及中心概念的替换，它处于革命的最内层次。科学理论的重大变革处于革命的较高层次。科学革命通过科学共同体在社会领域传播，促进应用科学、技术、生产、观念等方面的重大变革，是科学革命在社会语境中引起传播与变革的过程。将革命分析为一系列变革可以显示出科学发展的内在连续性与革命性的统一，反映出科学革命发生的不同层次，为科学革命的内涵提供了客观依据。

根据科学革命发生的语境变革特征，笔者认为科学革命指科学在认知语境、科学语境、社会语境和历史语境引起的重大变革，包括科学语境中中心概念、科学理论、科学观念和科学思维方式等的重大变革，还包括社会语境中价值观等方面的重大变革，同时还引起历史语境中人们历史观的变革。科学革命的语境论内涵反映了科学革命发生的客观过程，包含了不同级别的科学革命，具有更广的普遍适用性。

二、科学革命的发生是不同阶段前后相继的过程

科学革命是人类历史上极其重要的事件。最典型的是 16、17 世纪的科学革

命，它不仅改变了人们的科学观，而且推动了工业革命。科学革命成为历史学家、社会学家、哲学家和科学史学家研究的热点。

（一）科学革命发生的内外史解释

四个世纪以来，科学领域确实发生了很多重大革命。很多科学史学家和科学哲学家霍尔（Hall）、费耶阿本德（Feyerabend）、库恩、拉卡托斯、劳丹（Larry Laudan）、波普尔、夏皮尔（Shapere）、图尔明（Toulmin）、黑森、李约瑟等都对科学革命进行了研究。

关于科学革命的发生不同史学家有不同的解释。很多史学家从内史论解释了科学革命的发生问题。英国历史学家巴特菲尔德（Butterfield）在1949年出版《近代科学的起源：1300—1800》（*The Origins of Modern Science*, 1300—1800）一书，集中讨论了第一次科学革命。他将科学革命的发生定位于科学理论、科学观念的重大变革，他认为："第一次科学革命不仅推翻了中世纪的科学权威，就是说，它不仅以经院哲学的黯然失色，而且以亚里士多德物理学的崩溃而结束。"① 英国科学史学家霍尔提出了主题分析的概念，"科学主题指科学中的基本前提概念"②，在他看来，科学革命表现为科学主题概念的根本变革。柯瓦雷注重分析词形相同的科学概念在不同时代的不同含义、分析概念场的变化。

外史论者认为科学革命的发生是社会因素发生变革的过程。20世纪40～50年代，受黑森等人的影响，英国产生了一批从社会学角度解释科学革命发生的原因或起源的学者。黑森认为牛顿革命的发生是以新兴资本主义商业经济的发展和与之相关的实际的经济问题的逐渐增加为基础。牛顿新物理学体系的建立正是在解决采矿、造船、枪炮制造、航海和测绘等技术问题的基础上建立的。因此，他认为对科学革命的解释应放在社会变革中进行考察。李约瑟认为中国近代没有产生近代科学就是因为受当时封建社会的社会条件所限制。贝尔纳认为对于科学革命发生的判断应看它在社会领域中所起的作用或在社会中的功能。他们的共同点是将科学革命放在社会语境中进行分析，侧重科学革命发生的社会因素以及科学革命发生后在社会领域中所起的作用。显然，这种分析脱离了科学革命发生的科学本体因素，只从科学革命发生的外部因素分析，这是不完全的也是不充分的。

---

① 巴特菲尔德．近代科学的起源．张丽萍，郭贵春等译．北京：华夏出版社，1988：1-2.
② 李醒民．对科学发展的哲学反思——评当代科学哲学关于科学发展和科学革命的一些观点．内蒙古社会科学，1987，（5）：6-12.

库恩主张科学革命的发生建立在内史与外史基础上，即科学理论的变革及其在科学共同体认可的过程。科学共同体作为科学活动的认识主体和社会主体，是从事科学研究中具有共同信念、共同价值、共同规范的社会群体。科学革命的发生在从论著革命到科学革命需要经过同行的认可才可能实现。库恩认为，科学革命的发生过程正是范式在科学共同体中更替与转换的过程。他的理论同时受到内史论与外史论的质疑。在内史论者看来，《科学革命的结构》一书中的相对主义解释和编史规则似乎体现了一种外来的、人为的系统性安排，脱离了科学思想的实际流动的特征。在外史论者看来，《科学革命的结构》中科学共同体似乎是与社会分离的孤地，没有体现社会其他因素对科学革命发生的作用，这样一来，重要的外部因素在研究科学革命时，或是完全消失了，或是在格式塔式中变得几乎不可辨认了。并且对于科学革命来讲，并不全都存在“危机”或者一种范式被另一种范式所取代。这种过于程序化的科学革命发生的模式并不被科学史学家所认可。他们更注重在历史资料中寻求科学革命发生的理论，而科恩《科学中的革命》发生的判据正是在历史因素中寻找、修正和发展了前人对科学革命发生的判断模式（表 4-1）。

表 4-1　科学革命发生的内外史解释模式

代表人物	科学革命发生转换模式
巴特菲尔德	科学核心理论、观念、思维方式的转换
霍尔	科学主题概念的转换
柯瓦雷	科学中概念场的转换
黑森、李约瑟	基于科学革命的技术、产业等重大变革
库恩	理论范式转换

（二）科恩科学革命发生的前后相继的四个阶段

科恩在《科学中的革命》一书中，对经历四个世纪之久的科学革命进行历史的分析，并将科学革命放在社会和政治革命的背景下进行分析。科恩不同于库恩，他一直在探讨：对过去四百年间科学中所发生的那些革命性变革，参与其中的目睹者和同时代的分析家们各持什么态度？科恩根据逻辑分析与历史分析，提出了科学革命发生的四个阶段。科恩把新思想或新理论的起源或新体系的起源当作出发点，然后追溯它们公布于世和普及传播的过程，明确划分那几个为科学共同体所接受的阶段，亦即导致人们所公认的革命的那几个阶段。

科恩在对大量革命进行研究的过程中，提出科学革命发生的四个阶段。第一个阶段为思想革命，它是由某一个人的或某一个小组的创造性活动构成的，这种活动通常与其他的科学家共同体没有相互作用。

思想革命的内容总是作为日记或笔记本中所记载的事项，或者以一封信、一组短文、一篇报告或一份详尽的报告书的概要等形式被记录或记述下来的，引起对一种新的方法、概念或理论的信仰。这是第二个阶段，我们将其简称为信仰革命。

信仰革命也是私下进行的，不过它们必然要导致公开的阶段：把思想传播给朋友、同事、同行，以至随后在整个科学界范围内传播。这就导致科学革命发生的第三个阶段，即论著中的革命，在这个阶段，一种思想或一组思想已经开始在科学共同体的成员中广泛地流传起来。

科学家著作被足够数量的其他科学家开始相信论著中的理论或发现并且开始以新的革命的方式从事他们自己的科学事业，科学中的革命就发生了，这也是科学革命发生的第四个阶段。

（三）科恩科学革命发生的四个阶段的特征

科恩科学革命研究的对象是大型革命。因此，他的四个阶段理论适合于科学中发生的大型革命。在科恩看来，大型科学革命的发生都经过四个前后相继的阶段。科学革命在前面三个阶段都可能失败。

科恩科学革命发生的四个阶段体现历史性与逻辑性的统一。首先，科恩是在总结分析历史中发生的科学革命的基础上建立的，体现了四个阶段的历史性。其次，科恩的四个阶段是在历史分析基础上的逻辑概括，体现了科学革命发生的共性。最后，科恩科学革命发生的四个阶段体现了科学革命传播的过程。科学革命发生过程也就是科学理论或观念在科学家、科学共同体之间被认可和接受的过程。

但是，科恩科学革命的四个阶段并不适用于对小型科学的研究。这就使科恩的科学革命四个阶段的适用范围大大缩小。因为从科学史发展历程看，大型科学革命毕竟是少数的，多数是小型的科学革命。

三、科学革命的检验需要“四项一组”的判据

对于科学革命我们需要一些判据来说明一场革命确实发生了。库恩将科学革命表征为：当一系列的“反常”已经导致一场“危机”时所发生的“范式”

的转换，科学革命就发生了。但是，对于“反常”“危机”“范式”转换的精确度的衡量存在问题，因而无法将不可度量的判据作为科学革命发生的依据。

为弄清楚被人们承认已经发生过的那些革命，而不是抽象地去分析某一个概念，科恩认为科学革命的发生必然要经历四个阶段即思想革命、信仰革命、论著中的革命、科学革命，怎样判别科学革命已发生了呢？他认为有四个判据可以作为历史证据来检验科学革命是否发生。第一个判据为目击者的证明，即当时的科学家和非科学家们的判断。在牛顿时代，丰特奈尔认为“牛顿和莱布尼茨的创造已经在数学中引起一场革命”；拉瓦锡在化学领域的根本变革被他同时代的许多科学家看作是化学中的一场革命；达尔文同时代的人则把进化论描写成生物学中的一场革命；魏格纳大陆漂移学说在20世纪30年代被很多地球学家认为引起了一场革命。对于科学革命如果没有目击者证实事件的发生，即使有事后的历史评价，在科恩看来，也是不能过分相信的。第二个判据是对据说发生过革命的那个学科以后的一些文献进行考察。通过对1543～1609年天文学论文和教科书中并未采用哥白尼思想和方法的考察，在科恩看来并不存在哥白尼革命。而18世纪大部分数学著作都是按微积分思想撰写的，为数学革命提供了证据。第三个判据是有相当水平的历史学家，特别是科学史学家和哲学史学家们的判断。既包括现在的和近代的历史学家的判断，也包括很久以前的历史学家的判断。哥白尼时代，历史学家并不认为哥白尼的《天体运行论》引起了一场天文学革命，而是18世纪蒙塔克勒和巴伊发明出来的，是用18世纪的历史证据而做出的判断，因而是不可取的。科恩反对采用辉格式的研究方法来处理科学革命。当科学事件发生时的证明与以后历史学家的观点不一致时，我们应对尚未证实的革命持怀疑态度。对于一些确实发生的科学革命而历史学家又很少关心，在这种情况下就需要第四项标准，即今天这个领域从事研究的科学家们的总的看法。在科恩看来，哈维的生命科学，牛顿的经典力学体系，达尔文的生物进化论，拉瓦锡的氧化学说，法拉第、麦克斯韦和赫兹的经典电磁理论，赖尔的地质演化理论，20世纪统计学，爱因斯坦相对论经过了四项判据的检验，是科学中发生的重大革命。

科恩科学革命发生的四个判据体现了辉格式与反辉格式的统一。前三个判据强调科学革命发生当时和其后对科学、科学史、哲学产生的影响，强调反辉格式研究的重要性。在科恩看来，同时代人的证明具有十分重要的意义，他们是对正在进行之中的事业的直接洞察。但是，这只是一个充分条件，并不是必要条件。第四个判据强调当代人对曾经发生过的科学革命的看法。强调当代人的看法，显然，是辉格式传统。

科恩承认他所提出的四项标准终归还是带有主观性，不可能对每一件可能发生的偶然事件都适用，但是可以作为大型科学革命发生的判据。这四项判据是否客观需要进一步的研究。也就是说，对于科学革命发生的四个判据由于带有主观性，需要进一步的修正和完善。总之，科恩对科学革命发生的判据主要以对历史证据的检验为依据，而不是看它们是否符合某一固定的分类。

四、科恩科学革命观的意义

科恩的科学革命观主要体现为他所提出的改宗理论、四个阶段和四个判据，而他的理论是建立在历史和证据分析基础上的。

第一，科恩的改宗理论反映了科学革命发生过程中观念与信仰改变的特征，而这种改变类似于宗教领域信仰的改变。库恩所称的范式的转换类似于改宗过程。也有一些科学史学家承认观念与信仰在科学革命发生过程中的重要地位。

第二，科恩关于科学革命发生的判据开创了对科学革命发生的历史证据研究，颠覆了库恩、费耶阿本德、劳丹、拉卡托斯、波普尔、夏皮尔等对科学革命过于逻辑化的研究特征，实现了对科学革命历史研究与逻辑研究的统一。

第三，科恩的科学革命观比较客观地分析了科学革命发展的过程。他的科学革命观涉及认知语境、科学语境、社会语境和历史语境。根据他的逻辑标准，科恩通过证据法考证了历史中发生的科学革命。在科恩看来，历史中发生的科学革命有牛顿革命、达尔文革命、魏格纳地质学革命、量子力学革命、相对论革命等。

第四，科恩的科学革命观比较客观地反映了科学革命发生过程中科学理论在不同领域转变的过程。首先是在科学领域引起的变革，表现为对过去理论的创新；其次是在科学共同体领域中引起的改宗过程；最后是在历史学家、科学史学家、当代科学家中引起的改宗过程。这反映了科学革命发生过程改宗的客观性与现实性。

第五，科恩的科学革命观反映了不同因素在科学革命发生过程中的作用。科学革命是科学发展的一种形式，很多人曾认为科学革命是科学家的事情，与社会因素并没有直接的关系。但是，随着大科学时代的到来，社会因素所起的作用越来越大。即使在 17 ～ 19 世纪科学发展的过程中，社会因素也起着重要的作用。

五、科恩科学革命观的缺陷

虽然科恩从科学社会等因素中解释了历史中发生的科学革命，但他对科学革命发生的解释存在一些不足。下面通过科恩与库恩科学革命观之比较探索科恩科学革命观之宏观看法存在的问题，通过对科恩科学革命观四个阶段和四个判据本身的分析考察科恩科学革命观微观看法存在的问题，通过这两个方面分析科恩科学革命观的缺陷。

（一）科恩科学革命观在宏观层面存在的缺陷——科恩与库恩科学革命观之比较

库恩与科恩是同时代的人，而且库恩也曾是哈佛大学的科学史教授，作为科学哲学历史主义学派的创始人，他在《科学革命的结构》一书中展示了科学革命发生过程中范式更替的模式。科恩是继库恩之后又一位研究科学革命的大家，《科学中的革命》是他研究科学革命的代表作。在这部著作中，科恩提出科学革命发生的四个阶段和四项证据学说。我们试图对库恩和科恩两种科学革命观进行比较分析，并揭示研究科学革命所应遵循的方法。

1. 科恩与库恩科学革命观的不同

库恩和科恩都采用范式之间的更替和历史证据对科学革命进行动态的分析。从历史主义角度来看，二者对科学革命的分析表现出不同性。

（1）研究目的不同

库恩研究的目的是为了从科学家研究活动本身的历史记载中浮现科学革命发生过程的模式。“由于我的最基本的目的是要敦促学术界改变对熟悉的资料的看法和评价。”[①]库恩这里所说的“熟悉的资料”主要指教科书。每一代科学家都从教科书中学会如何从事这一行业。然而，教科书的主要目的是为了说服和教育。

在库恩看来，教科书使科学的发展变成一个积累的过程。科学事实、理论和方法被加到构成科学技巧和知识的不断增长的体系之中。这样，科学史就成为编年史学科。所以，库恩主要的目的是“要勾画出一种大异其趣的科学观，它能从研究活动本身的历史记载中浮现出来”[①]。基于这样一种目的，库恩以近

① 托马斯·库恩. 科学革命的结构. 金吾伦，胡新和译. 北京：北京大学出版社，2003：5.

现代物理学、天文学和化学为主要研究对象，从科学活动本身概括出科学革命的范式更替理论，即前科学→常规科学→反常→危机→科学革命→新的常规科学。科学革命的发生过程就是范式的更替过程，体现了科学革命发生的特征。

科恩在《科学中的革命》一书中曾多次提到库恩《科学革命的结构》，并强调他的论著是不同于库恩的书。科恩写《科学中的革命》有两个目的。其一，为了对科学的革命、对作为科学进步模式的科学革命这两个概念的起源和相继产生的用法加以探索。从历史资料中寻找“科学革命”的起源与发展，以纠正许多历史学家的错误认识，即科学革命是在我们这个时代产生和发展的。其二，解释并分析自然科学、精密科学与社会科学和行为科学之间的相互作用。因此，科恩在该书中分析了“革命”概念的变化过程及其对“科学革命”概念的变革作用，并分析了科学革命发生过程中各学科之间的相互关系。例如，数学对物理学、生物学等领域的变革作用。19 世纪的达尔文革命则表现为一种新的数学观在生物学领域的应用，非数学化的这种观念成为达尔文革命范式的重要特征。20 世纪的科学革命则表现为概率的引入对麦克斯韦和爱因斯坦理论、量子力学和遗传学新理论做出的重要贡献。科恩通过考察 17 ～ 20 世纪学科交叉在科学革命发生过程中的作用来记录、分析科学革命发生的历史实在。

（2）评价标准不同

库恩采用归纳法，通过对物理学、化学和天文学中的案例来说明科学革命的发生过程是范式在科学共同体之间更替的过程。库恩将科学革命从理论之间的竞争转移为范式在科学共同体更替的过程。但是，很多革命性的科学体系并不是来源于危机，如达尔文进化论与现代分子生物学理论作为生物学并存的理论体系，它们之间并不存在反常与危机，当然不存在范式的更替。根据库恩的理论，它们都没有引起一场革命。但从科学史看，确实发生了达尔文革命和现代分子生物学革命。因此，他的范式更替理论具有很大的局限性。

科恩通过历史证据来记录和分析科学革命。对此，科恩提出了自己的观点——鉴别科学革命发生与否的四个历史判据：目击者的证明、对据说曾经发生过革命的那个学科以后的一些文献进行考察、有相当水平的专家们的判断、今天这个领域从事研究的科学家们的总的看法。对于没有相关证据作证的革命，科恩是不会过于相信的。例如，哥白尼的日心说并没有通过四个判据的证明，因而是不存在的。虽然科恩的四个证据能证明一些科学革命的发生过程，但其带有明显的主观性。一些科学革命的发生像孟德尔的遗传学说并没有得到目击者的证明，我们不能因此就忽视它们在科学中所起的革命性作用。

（3）适用范围不同

一方面，库恩的范式对于单学科的纵向发展比较合适。另一方面，库恩的科学革命理论主要谈及“小型的革命和大型的革命。所谓大型的革命是指那些一般在科学论文中被承认是革命的事件。而库恩所谓的小型的革命，可能也包括诸如二十几个科学家用一个新的范式取代一个已被接受的范例这类情况”[①]。也就是说，只要存在范式的更替，即使涉及的范围很小，也会引起一场小型革命。另外，库恩主要分析成功的科学革命发生过程中范式的更替过程，并没有分析失败的革命发生的原因。

通过对历史证据的分析，科恩的科学革命理论具有更广泛的适用性。一方面，他分析了 17 ～ 20 世纪数学、物理学、化学、地学、生物学、心理学领域发生的科学革命，扩展了验证科学革命发生的学科领域。经过科恩标准检验的科学革命主要包括笛卡儿革命、牛顿革命、哈维革命、拉瓦锡革命、达尔文革命、弗洛伊德革命、爱因斯坦的相对论革命、地球科学中的革命。另一方面，科恩将他的科学革命发生理论主要应用于较大型的科学革命。因为小型的科学革命可能并不能引起历史学家的注意，该学科其后的文献也许并没有详细的记载，就不可能通过科恩判断标准的检验。因此，科恩集中分析了历史中大型的科学革命，这是由它的判据标准决定的。与此同时，科恩还探讨失败的科学革命。在他看来，失败的科学革命也是革命问题的一个方面。从科学史看，这方面的研究比较少。

（4）语境分析的因素不同

库恩将科学革命的发生过程放入科学共同体语境中进行研究。在库恩看来，科学革命的发生过程是范式在科学共同体中更替的过程。“范式包括定律、理论、应用和仪器在一起——为特定的连贯的科学研究的传统提供模型。”[②]一个范式的胜利，必须得到一批最初的支持者，这些支持者一方面会产生和增值有力的证据以发展新的范式；另一方面还可以把自己当作翻译，翻译能够使交流的参与者经验到彼此观点的优点和缺点，促进范式在科学共同体之间的转换。库恩并没有涉及社会因素在科学发展中的作用。科恩将科学革命放入认知、科学、社会、历史等广义语境中进行研究。

首先，科学革命的发生过程是科学在理论层次上的重大突破，因而目击者的证明是第一位的，即当时的科学家和非科学家们的判断。而对于发生了的科

---

① 科恩 . 科学中的革命 . 鲁旭东等译 . 北京：商务印书馆，1998：121.
② 科恩 . 科学中的革命 . 鲁旭东等译 . 北京：商务印书馆，1998：120.

学革命必然引起该学科文献方面的变革。因而，科恩将发生了革命的那个学科以后的一些文献作为第二个证据。其次，科学革命的发生过程与社会领域“革命”概念的变革、科学共同体对新的理论的认同与使用紧密相关。因此，科恩“对所讨论的每一场科学革命的思考，都是以社会革命和政治革命作为背景知识的”[①]。再次，科学革命的发生过程是科学共同体承认和使用新理论体系的过程，因此，科恩认为科学革命的发生必然经过论著中的革命，使足够数量的其他科学家相信论著中的理论或发现，并且开始以新的革命的方式从事他们自己的科学事业。最后，科学革命的发生过程必然得到历史学家的关注。科学革命作为一种历史现象，必然得到现在的和近代的历史学家的判断。人们认为16世纪发生过一场哥白尼革命，其实是由18世纪一些科学史学家发明出来并使之保留下来的说法，在当时并没有历史学家承认发生过哥白尼革命。因此，通过对当时历史学家观点的考察，可以修正后来历史学家做出的一些判断。

总之，两种科学革命理论在研究目的、评价标准、适用范围、分析方法等方面表现出截然不同的特征。然而，两种不同的科学革命理论存在一些内在的关联性。

2. 科恩与库恩科学革命观的关联性

由于库恩与科恩都是对科学革命的发生过程进行构建与分析，因而他们的观点又存在一定的关联性。他们都关注科学革命发生过程中的改宗现象，重视科学家心理因素的作用，承认教科书的历史地位，但又表现出不同的观点。

（1）关于改宗现象

库恩与科恩都认同科学革命发生过程中的改宗现象。在库恩看来，“改换所效忠的范式是一种不能被迫的改宗经历”[①]。改宗的过程是新范式在科学共同体中更替的过程。新范式只有在定量方面展示出比旧范式更加精确、能够解决更多的难题的优点，才能加速科学共同体改宗的进程。所以，库恩认为革命的解决过程也就是科学共同体改宗的过程。当整个专业共同体都已改宗后，范式的更替也就实现了。

科恩也认同改宗现象。“在科学中，改宗指的是根本改宗和接受完全不同的观点。”[②]这里的改宗主要指观念、信仰的改变。科恩还将改宗的烈度作为从理论革命到科学革命转化的标志。他通过证据法研究了观念在科学家、科学共同体

---

① 托马斯·库恩．科学革命的结构．金吾伦，胡新和译．北京：北京大学出版社，2003：5.
② 科恩．科学中的革命．鲁旭东等译．北京：商务印书馆，1998：121.

中改宗的过程。在科恩看来，离开观念的改变，科学革命就不可能发生。科学史学家的任务就是记录并分析科学革命发生中的改宗现象。显然，二者关于改宗的内容是不同的。库恩侧重范式的更替，而科恩侧重观念的变革。

（2）关于教科书的历史地位

科学家的成就往往被记录在经典著作中，更近期的则被记录在教科书中。每一次革命后，重建历史的开端是由教科书来完成的。一方面，教科书记录了最近的科学成就，可以作为科学发现被应用的证据；另一方面，教科书成为常规科学发展的纲领。科学家可以根据教科书研究他那个团体所关注的自然现象的那些方面。

但是，库恩认为教科书并不能反映科学革命发生的过程。一方面，教科书作为使常规科学延续下去的教学工具，使革命成为无形的。另一方面，教科书把科学事业描绘成一种不断逼近真理的事业。在库恩看来，范式的转变并不朝向任何规定的方向。范式的更替是因为新范式能解决导致老范式陷入危机的问题，或者能预见老范式完全没有预料到的现象，并不存在一个预设的目标。库恩的这种观点使他陷入相对主义的泥潭——似乎自然界并不存在客观的真理。

科恩将教科书作为科学革命发生后那个学科的历史证据，主要考察革命性的科学理论在教科书中被采用的历史事实。例如，在 1543 ～ 1609 年，哥白尼的天文学思想和方法没有被教科书采纳。1609 ～ 1687 年，开普勒的纲领也没有被教科书所采纳，孟德尔的遗传学理论在当时并没有被同时代的人所认可。在科恩看来，这些理论还没有被写进教科书就被其后新的理论所代替。因此，并不存在一场哥白尼革命、开普勒革命、孟德尔革命。但是这种历史证据，虽然反映了当时科学理论没有被认可的事实，却忽视这些理论被记录在其后时代教科书中的事实。也就是说，这些理论可能被认可的时间比较长，我们是否就可以忽视掉它们呢？例如，哥白尼并没有在他生活的时代引起科学共同体的认可，但是在 18 世纪后引起科学家、史学家的重视，并在科学与社会领域得到广泛的传播。我们是否可以根据革命发生后相当长时期内教科书的证据证明哥白尼革命、孟德尔革命的存在，只是这个革命的过程比较长而已？所以，我们认为对于教科书作为历史证据而言，不仅应考虑科学革命发生当时的教科书的证据，还应考虑在其后相当长时间内教科书的证据。显然，由于研究目的的不同，库恩与科恩对于教科书的历史地位存在很大的分歧。

（3）关于科学家心理因素的分析

发现新的科学范式必然是一个复杂的事件。科学家认知语境的变革是科学革命发生的源发性判据。因此，库恩与科恩都很注重分析科学家心理认知语境变革的研究。

库恩认为，心理因素在新事实的发现、新理论的发明及特定仪器的使用方面具有重要价值，而这些内容构成了新范式的核心内容。发现过程不仅认识到一个新的现象，而且还应确定它是什么。因此，发现是人的思维发展的一个过程，而不是某一时刻的事情，新发现的最终结果使科学产生了反常和危机，最终导致新范式的产生。库恩认为对于范式的更替是人的心理格式塔的突然转变，夸大了科学家直觉、灵感和其他社会心理等方面因素的作用。其实，新范式的产生过程包括科学家直觉、灵感等非理性的心理因素，也包括逻辑、实证、归纳等理性的思考。

科恩认为科学革命发生经过思想革命、信仰革命、论著中的革命和科学革命四个阶段。其中思想革命也就是科学家认知语境的变革过程。显然，思想革命改变了科学家认识世界的图景。科恩没有在每一个事件中明确地解释某个人心里所想的可能是什么，但是他认为对于科学家的心理进行分析是很重要。“迄今为止，还存在含糊的被忽视的关于科学革命的心理研究。这是一个无人涉足的领域，这片大有希望的领域可能为科学革命开出一个全新的天地。”①

虽然他们二者都重视科学家心理因素的分析，但是都没有具体而详细地分析科学家这种心理模式变化的具体机理。美国的心理学家文森特·赖安·拉吉罗（Vincent Rran Ruggiero）在《思考的艺术》（*The Art of Thinking*）一书中提出：“任何创造过程一般都是经历四个阶段：创造的准备期，创造的酝酿期，创造的明朗期，创造的验证期。”②根据该理论库恩重点研究了创造的明朗期，即科学家突然产生灵感、顿悟，引起科学家心理格式塔的转变。科恩将一些证据作为验证思想革命的判据。

另外，二者在坚持历史主义、采用概念分析方法等方面也具有关联性。库恩将科学史作为历史资料，归纳概括出科学革命发生过程中范式更替的特征。而科恩通过四个判据和四个阶段的逻辑标准来解释重大的科学革命。历史资料在他们的分析中表现出不同的功能。二者将概念分析法应用于不同的范畴。库恩将概念分析法用于解决范式的更替，即科学概念在形式方面如何实现移植和内容的变革。科恩重点分析了“革命”概念在科学领域和政治领域变革和相互

---

① 科恩．科学中的革命．鲁旭东等译．北京：商务印书馆，1998：121.

② 赵豫蒙．“科学革命”：知识生态圈的进化现象——对科恩鉴别“科学革命”四个判据的再思考．内蒙古大学学报（人文社会科学版），2004，（6）：52-56.

影响的过程。

3. 科恩与库恩科学革命观存在的缺陷

库恩与科恩的科学革命发生理论在应用范围及其评价标准方面存在一些缺陷。

（1）从国别史角度看，二者以西方科学革命的发生为核心，忽视东方科学革命的发生

无论是库恩的科学革命观还是科恩的科学革命观，都是以西方科学革命的发生为研究对象，并不能解释中国天文学、数学方面的革命性理论。对于中国古代天文学的盖天说、浑天说和宣夜说，并不存在激烈的竞争，导致一种天文学理论处于统治地位，而其他两种理论处于灭亡的情况。东西方两种不同科学理论之间的交流，也不能导致范式的更替。例如，西医传入东方，并没有引起东方科学的革命；同样，中医传入西方也没有引起西方医学领域的革命。从国别史看，这就使验证库恩范式的反例增加了。

科恩虽然分析了“革命”概念在英语、法语、德语的语言环境中进化的过程，并没有分析“革命”概念在东方语言环境中进化的过程，因而科恩的科学革命发生理论也主要适用于对西方革命性的科学分析。对于中国什么时候开始有“革命”“科学革命”的概念和中国是否发生过科学革命，科恩并没有谈及。汉语中的“革”字是指从动物身上剥皮制革之意，《说文解字》中的解释是“兽皮治去其毛，革更之”“皮去其毛染而莹之曰革”，从这里引申出“改动”“更改”“变革”之意；“命”字在汉语中有“政令”“使命”“授命”之意。“革命”作为一个动宾关系组合是“收回天命”“变更天命”之意，最早出现在《易经·革卦》中：“天地革而四时成，汤武革命，顺乎天而应乎人。革之时大矣哉。”revolution 作为汉语的对等词最早见于明治初期的几部英日词典中并首次以“革命”的含义出现在 1873 年日本的《附音插图英和字汇》中。对西方的一些新词的出现，日本人先译，中国人也就照抄。“科学革命”在中国得到承认是 19 ～ 20 世纪的事情了。根据科恩的判据，19 世纪以前，中国并没有发生科学革命，这就导致无法分析中国古代科学革命。

（2）从断代史角度看，二者理论侧重近现代科学革命，并不能分析古代科学革命

库恩将科学革命的发生过程看成是范式在科学共同体内部的更替过程。按照库恩的理解，科学共同体就是来自世界各地不同机构的科学家通过学术交流在共同的研究领域追求共同的目标，产生共同的科学观点的科学家群体。而在17世纪以前，科学事业是由一些业余的科学爱好者来完成的，并没有志同道合的科学家组成的协会或组织。17世纪科学共同体的出现是近代科学革命显著的标志之一。所以，库恩的范式更替理论适合于分析17世纪后的科学革命，而无法研究17世纪前革命性的科学理论。

科恩将目击者的证明、曾经发生过革命的那个学科以后的一些文献作为科学革命发生的前两个重要的判据。在科恩看来，前两项检验结果合起来，向我们强烈地暗示着某一场革命发生过。对于没有经过前两项检验的科学发展，科恩是不会相信曾发生过革命的。而由于17世纪末“科学革命”概念才被确定下来，显然，在此之前，对于革命性的科学并不存在目击者及其后的相关文献的判据。在科恩看来，就不可能发生科学革命。这就使科恩的科学革命发生理论不能解释17世纪以前科学中发生的革命。

（3）从二者的评价标准看，具有相对主义和主观主义的倾向

库恩认为，科学革命“是对自然界的理解越来越详尽，越来越精致，但是，这一进化过程不朝向任何目标”①。他的科学进步理论只承认知识的相对性，不承认科学的真理性，从而陷入了相对主义和主观主义，因而使科学革命成为新范式相对旧范式解题能力的提升，而不是逼近真理的过程。科学以客观的自然界为研究对象，自然界作为客观实在，显然是有其运动的客观规律。科学发展的过程正是不断地在广度和深度上认识客观规律的过程。

科恩的科学革命发生的四个判据“在很大程度上取决于主体的认识观和价值观，而这些与主体所处的时代、环境以及主体自身的科学涵养和鉴赏力又紧密相连”②。因此，四个判据并不能客观分析科学理论本身的革命性特征。我们不能因为法国数学家埃瓦里斯特・伽罗华（Évariste Galois）关于群论的论文并没有引起当时法国科学院的重视，孟德尔的遗传学说也不为同时代的人所接受，就忽视他们在科学领域的革命性作用。同样，历史学家的判据也带有一些主观的色彩。因此，科恩以目击者、科学共同体、历史学家的主观判据为依据，来分析科学革命消解了科学革命本身的革命性特征。

通过对库恩和科恩科学革命观的比较分析，我们认识到科学革命发生过程的复杂性。根据不同的解释模型，可能得到不同的结论。例如，哥白尼的日心

---

① 托马斯・库恩．科学革命的结构．金吾伦，胡新和译．北京：北京大学出版社，2003：5.

② 赵豫蒙．“科学革命”：知识生态圈的进化现象——对科恩鉴别“科学革命”四个判据的再思考．内蒙古大学学报（人文社会科学版），2004，（6）：52-56.

说，在库恩的范式更替模式中被认为引起了一场天文学革命，但没有通过科恩四项判据的检验，因此，在科恩看来，哥白尼并没有引起一场天文学革命。这就存在一个怎样评价科学革命才是客观的标准问题。

（二）科恩科学革命观在微观层面存在的缺陷

由于库恩没有从微观机制提出判断科学革命发生的阶段与相关判据，因而通过他们二者的比较，并不能真正反映科恩科学革命观中的四个阶段与四个判据存在的缺陷。为方便分析，下面将科恩的四个阶段与四个判据理论统称为“科恩解释”。通过对“科恩解释”历史考察与逻辑分析，笔者发现它的不足表现在以下几个方面。

第一，“科恩解释”忽视科学革命概念的本体性特征。科恩认为即使对科学革命没有清晰的定义，也有可能对其发生进行有效的检验。这种脱离科学革命概念本体解释科学革命的发生，会引起某种混乱和疑惑。由于不同时期人们对“革命”的理解不同，进而影响人们对“科学革命”的理解。因此将科学革命用同一组历史判据来分析，最终使科恩对科学革命发生的解释成为无源之水。revolution 这个词本身来源于拉丁语，意为“使后退”“重重”“再发生”等之意。16 世纪和 17 世纪初，revolution 不仅指循环之意，后移植在政治领域指颠覆和推翻，以回到早些时候那些更好的时代之中。到 18 世纪中叶，revolution 一词开始主要用于指称某一次伟大的变革。而“科学革命”首次被人们承认是 17 世纪的事情，指伟大的变革。由于“科学革命”的概念出现得比较晚，因此根据科恩的四个判据无法判断 17 世纪以前可能发生的科学革命。这样就使科学革命的研究只局限于 17 世纪之后，不具有普遍性。

第二，“科恩解释”只适用于解释发生了的大型科学革命而不能用来解释小型科学革命，这使科学革命的研究局限于大型革命，不能全面反映科学革命发生的不同级别，因而具有局限性。在科学发展中大型科学革命毕竟是罕见的，而更多的是小型的科学革命。例如，孟德尔发现遗传学的基础定律，不为同时代人所接受，但他的理论是一场思想革命和书面上许诺的革命，这种革命性是不容否定的。19 世纪中期，法国数学家埃瓦里斯特·伽罗华多次将自己关于群论的研究论文递交给法国科学院审查，科学院并没有给予重视。但是，我们不能否定他的研究成果的革命性意义。因此，“科恩解释”将无法客观地评价历史中发生的各种不同级别的科学革命。

第三，“科恩解释”无法从他的一组判据中分析科学发展过程中革命性与继承性的辩证统一。对于同一历史事实在同一时期或不同时期经常存在两种情况：一种认为它在科学中引起一场革命，另一种认为它并没有引起一场革命，而只是科学中的一般进步。在这种情况下，应以哪种历史判据为主，显然不能用"科恩解释"来下结论。因为科学发展过程本身就是继承性与革命性辩证统一的发展过程，只不过是研究者根据不同的研究主体侧重面不同而已。有些侧重它的继承性，有些侧重它的革命性。对于这种争论必须回到当时的历史事件中去考察，科恩本人也持这种观点。例如，历史上关于哥白尼天文学成就的不同结论，我们必须回到哥白尼时代来确定。就科恩所说的大型科学革命发生过程多数是连续性与革命性的辩证统一。例如，牛顿关于"力"的概念的使用是继承和变革了开普勒的概念，而不是完全否定原来存在的科学理论及其概念。因此，对于科学革命的研究应重视从科学语境研究科学理论继承与突破的客观存在。

第四，"科恩解释"的证据之间带有循环特征，作为科学革命发生的证据具有不可靠性。科恩侧重于采用支持某些科学革命事件发生的判据，而没有分析相反的观点，即认为某些科学事件是进化的。这样一来就有一种抬高有利于自己观点的证据，而忽视其他关于某科学事件的进化说明之嫌，这就背离了科恩坚持历史性的原则。科学革命发生的过程是支持者与反对者争论的过程，"我把它的烈度作为从理论革命到科学革命转化的标志"[①]。而从科学革命发展史看，改宗是相当困难的。因而科学革命的发展过程多数是科学革命支持者与反对者争论的历史。科恩在具体的分析过程中多数是强调对科学革命认可的判据。而且，对于不同的观点将如何选取，说到底还是要回到科学语境的证据中进行检验，这样势必造成证据之间的一种循环。显然，科恩所说的四个判据作为科学革命发生的历史证据不具有可靠性。

第五，科恩对每一场科学革命的思考，都是以当时的社会革命和政治革命作为背景知识的，这样使科学革命发生的四个判据更多地受到社会因素的影响，造成对科学革命的分析缺乏一定的客观性。这种缺陷表现在两个方面：一个方面是由于社会领域"革命"的暴力性，科学家不愿意将自己科学研究的革命性与"革命"这个词联系在一起。另一方面，同时代目击者的证明及其后相关学科的历史文献的记载也存在这种情况，这样就不能客观地评价历史中发生的科学革命。18 世纪"革命"意味着国家的政治和社会体制的根本变革，而且"革命"与暴力等联系在一起，"与其说是表述飞速发展的词，莫如说是一

① 科恩．科学中的革命．鲁旭东等译．北京：商务印书馆，1990：584.

个令人毛骨悚然的词”[①]。1848年的革命使急剧的变革与暴力活动联系在一起的思想又重新复燃。19世纪的达尔文称他自己的贡献是“旧的温和意义上的革命，也就不足为怪了”[②]。另外一种情况是社会领域对于科学革命的研究有助于对科学革命的认可。

第六，“科恩解释”无法实现逻辑性与历史性的统一。关于科学革命的发生过程，科恩认为经过了四个阶段，即思想革命（个人或科学家群体在实验室中做出的最初发现）、信仰革命（科学家表达新方法、新概念、新理论）、论著中的革命（新成果的传播）、科学革命（足够多的科学家或科学共同体认同新成果，并将革命的新方法运用于科学研究之中）。科恩将科学革命发生的判据概括为四个方面，即目击者的证明、用来叙述该学科发生了革命的历史文献、有相当水平的历史学家尤其是科学史学家和哲学史家的判断、当代从事该领域的科学家的普遍意见。科恩提出的四个阶段说是对17～20世纪科学革命发生的历史性概括，来源于科学语境中革命发生的过程，体现了科学革命发生的客观过程。但是四个判据是从社会语境中概括出来的，并且多数都是后验判断。这里就存在一个问题：后验的判断如何能证明在此之前科学革命发生的客观性。这种过度依赖于后验标准的判据是否可以作为科学革命的判据，值得研究。历史性与逻辑性的统一要求逻辑标准与历史事实首先应该在同一语境范围内，否则这个标准是远离历史性的逻辑标准，不足以作为判断历史事实的依据。

第七，“科恩解释”主观性判断比较突出。科恩关于科学革命发生的判据带有明显的主观性特征。第一个方面是目击者的证明，即当时的科学家和非科学家们的判断。科恩对于同时代的目击者的界定具有主观性判断，没有对同时代人从科学领域和时间跨度进行界定，这使他的一些判断具有主观性。目击者对革命性的科学理论的认识是一个过程，并存在一定的时间跨度。例如，19世纪60年代孟德尔发现了遗传学的基础定律，并发表了自己的著作《植物杂种实验》，而他的伟大发现不为同时代的人所接受。直到1900年孟德尔的遗传学的基础定律才被三位生物学家几乎同时发现，并开始了现代遗传学的研究。科恩认为孟德尔的遗传理论并没有得到同时代人的认可。相隔40年，难道就不是同时代的人了吗？

然而，科恩认为魏格纳的大陆漂移学说是一场地球科学中的革命。但是，魏格纳的大陆漂移学说不是一开始就得到目击者的赞同。“20世纪20～30年代

① 科恩．科学中的革命．鲁旭东等译．北京：商务印书馆，1998：6.
② 科恩．科学中的革命．鲁旭东等译．北京：商务印书馆，1998：7.

间，地理学家对大陆运动的观念进行了广泛的讨论，结果，反对意见几乎是同声一片。”[①]直到20世纪60年代，一场地球科学革命才真正发生。显然，魏格纳的大陆漂移学说经过了目击者反对到认同的过程，时间跨度大约为40年。显然，对于同时代目击者的确定存在主观性。

科恩关于科学革命发生的第二、第三、第四个判据分别为用来叙述该学科发生了革命的历史文献、有相当水平的历史学家尤其是科学史学家和哲学史家的判断、当代从事该领域的科学家的普遍意见。这些判断来源于间接资料，本身带有不同群体主观判断，如对于同一科学事实不同的有相当水平的历史学家也会存在截然相反的判断。再者对于有相当水平的历史学家的评价不同的人会有不同的结果。这样势必造成按照科恩的标准，不同的研究者将会得到不同的科学革命发生的结论。

显然，科恩的四项判断标准很难做到客观性，很难实现逻辑性与历史性的统一。他的标准的主观随意性太大，不足取，不具有普遍适用性。

综上所述，“科恩解释”从历史角度比较客观地分析了科学革命发生的历史判据。由于过于强调历史标准而忽视了逻辑标准，这就要求我们提出新的科学革命发生的机制，而“广义语境解释”可以承担这一历史使命。

六、科恩科学革命观的语境修正

“发生”具有偶然发生和存在、被发现的双重含义，对于解释科学革命的发生问题实质是寻找用什么标准发现并解释历史上存在的科学革命。科学革命不仅是科学体系内的重大创新，而且涉及社会、历史方面的因素。因此，对科学革命进行语境分析不仅是必然的，而且直接决定了历史上发生的科学革命的判据。

（一）语境作为科学革命基底的必然性与必要性

任何事件的发生都不是孤立的，科学也不例外。“科学是一个开放的多维系统，是在广义语境中发展的。科学的不同维度构成不同的语境。”[②]从认知语境看，科学是一种探索性的认识活动；从科学理论语境角度看，科学是一种系统化的实证体系知识；从社会语境看，科学是科学家共同体在共同范式支配下的

---

① 科恩 . 科学中的革命 . 鲁旭东等译 . 北京：商务印书馆，1998：446.
② 魏屹东 . 广义语境中的科学 . 北京：科学出版社，2004：21.

解释难题活动以及科学在社会领域得到应用的过程；从历史文化语境看，科学是继承与发展、连续与间断的统一体。“科学的不同维度可以用集合来表示”[1]。$A=(a_1,a_2,a_3\cdots)$；$B=(b_1,b_2,b_3\cdots)$；$C=(c_1,c_2,c_3\cdots)$；$D=(d_1,d_2,d_3\cdots)$，其中，A代表认知语境；B代表理论语境；C代表社会语境；D代表历史语境；a_1、a_2、a_3等是构成认知语境的关联要素，如科学家个人风格及人们对科学的总的看法；b_1、b_2、b_3等是构成理论语境的关联要素，如中心概念、理论体系等；c_1、c_2、c_3等是构成社会语境的关联要素，如科学共同体、科学引起的社会发展等；d_1、d_2、d_3等是构成历史语境的关联要素，如理论背景、科学发展中科学史学家及科学家的总的看法等。这四种语境相互作用构成的集合为广义语境，设科学发展的广义语境为G，则$G=(A, B, C, D)$。科学革命的发生是科学与其相关要素相互作用的结果，是表征科学发展的间断性特征，而科学的多维度性使我们在认识和判别科学革命时，也必须是多维度的。科学革命作为人类认识水平的重大飞跃，每一次大革命都改变了人们对世界的看法，体现了人类认知语境的重大转换；科学革命作为知识形态是科学在理论上的重大变革，是对原有科学理论语境的再语境化过程，牛顿力学体系的建立不是否定原有的力学体系，而是在更高层次上对原有理论的再语境化。科学革命作为社会现象，需要得到科学共同体的认可及社会的支持，是技术革命、产业革命发生的基础和前提，是整个社会语境中的一个重要元素。科学革命作为历史文化现象，受到当时政治文化的影响，是历史文化语境研究的重要内容。很多科学革命在当时没有被认为引起了一场革命，但从历史角度看，它确实引起了一场革命。20世纪初人们认为科学真理像一条渐进线，我们只能越来越接近真理，不存在革命。爱因斯坦称他的贡献应当看作是物理学进步的组成部分，而不是物理学的革命性发展。但现在看来，他的贡献在物理学领域引起了一场革命。因此，科学革命的发生过程是由科学认知语境、科学理论语境、社会语境和历史文化语境决定的。从语境基底分析历史中的科学革命不仅是现实的，而且具有历史必然性。

科学革命的“广义语境解释”，一方面为分析和解释科学革命论与连续发展论提供了共同的语境基础，实现了二者的对话；另一方面消解了科学革命内史论与外史论解释的矛盾，在语境基础上实现了多种科学革命观的统一。科学革命论与连续发展论的争论经过几个世纪，表现为多种形式、多种视角、多种理论。科学连续论者过分简单地强调概念的移植和重新解释的存在，概念的发展

---

① 魏屹东. 广义语境中的科学. 北京：科学出版社，2004：21.

是其内部逻辑逐渐发展的过程；科学革命论者过分夸大新的概念体系与它前身的截然不同。[①]这也说明了科学发展过程遵循量变和质变规律，反映了科学发展过程是科学连续发展与科学革命的统一体。美国科学史学家撒克里在他20世纪80年代初所撰写的关于科学史历史与现实的文章中，列举了目前科学史研究中的十大中心领域，其中第二个领域即是“科学革命”。“广义语境解释”使二者在共同语境基础上分析科学发展过程量变与质变，实现二者争论在同一语境基础上的对话。“广义语境解释”使不同科学革命观在语境基底上实现了统一，能够更全面系统地分析和解释科学革命的发生问题，坚持了逻辑性与历史性的统一，体现了在特定语境下科学文本与其他要素之间的关系，构成了判定科学革命意义的最高境界，为从系统的整体性分析科学革命开辟了道路。

（二）科学革命发生的广义语境要素及其结构

任何科学革命的发生首先表现为科学家个体认知语境的重大变革和社会认知语境的重大变革，这是科学革命发生的认知语境。其中科学家个人认知模式通过科学理论体系在得到社会普遍接受后，使人们看待世界的方式发生了重大变革，这就是社会认知语境的重大变革。牛顿导致了力学革命，是由牛顿对自然界的认知模式决定的，牛顿革命使人们在18世纪普遍形成对世界机械、静止、孤立的认知模式。科学中心概念、科学理论体系的重大变革，是科学革命发生理论语境变革的突出表现。麦克斯韦革命表现为中心概念由电力、磁力、场等到位移电流、涡旋电场变革的过程。科学革命的发生得到科学共同体及当时社会的普遍认可并且科学在社会领域中得到普遍应用，是科学革命发生的社会语境；科学革命还得到不同时代历史学家及当代科学家的认可，受当时社会文化对革命的看法的影响，这是科学革命发生的历史文化语境。从实践角度看，科学革命的发生可物化为多个可证实的语境因素，主要包括认知因素、理论因素、社会因素、历史因素，对于每个层次来讲又可分为多个相关要素。设科学革命的发生为T，它涉及的认知语境因素为$A=(a_1,a_2,a_3,\cdots,a_n)$，理论语境要素为$B=(b_1,b_2,b_3,\cdots,b_n)$，社会语境因素为$C=(c_1,c_2,c_3,\cdots,c_n)$，历史语境因素为$D=(d_1,d_2,d_3,\cdots,d_n)$，那么$T=f(A,B,C,D)$，其中科学家个人认知语境、理论语境构成科学革命发生的主语境或内语境，其他语境为关联语境或外语境。科学革命发生过程是科学从主语境或内语境向关联语境或外语境传播与

① Olby R C, Cantor G N, Christie J R R, et al. Companion to the History of Modern Science. London: Routledge, 1990.

变革的过程，是系统语境在量变基础上实现质变的反映。

（三）科学革命发生的广义语境判据

“科学的发生和发展是由其内因和外因共同决定的，即由内语境（科学语境）和外语境（社会文化语境）共同决定的。”[①]科学革命的发生判据也是由其内语境和外语境决定的，即认知语境、理论语境、社会语境、历史语境共同决定。

（1）科学家个体认知语境的重大变革是科学革命发生的原发性判据

对于科学革命的发生来讲，科学家的伟大发现与他个人的心理、气质、思想情趣等有密切关系，是科学家个体科学观念或思维方式重大变革的直接反应，是科学革命发生的源头所在。没有创新观念或思维，就没有创新的理论。它体现在科学家个体思想变革的过程中。牛顿将苹果落地与月亮运行联系起来，与他训练有素的创造性认知有密切关系，并且他认为自然界是简单的，因而可以用数学来构筑。这种认知模式支配着他去用数学原理分析自然界，解释自然界，这就是科恩所称的“牛顿风格”。从科学史看，科学家个体认知模式的重大变革在科学革命的发生中起核心作用，很多科学史学家如柯瓦雷、库恩、科恩等都很重视对科学革命中科学家科学思想变革的研究，这也证实了科学家个体认知模式在科学革命中的重要作用。

（2）科学理论语境的重大变革是科学革命发生的结构性判据

在由科学事实、中心概念、科学理论、科学观念组成的科学革命中，中心概念和科学理论的变革处于中间层次，中心概念的变革通过主干概念体系引起科学理论的变革，二者均体现为语言层次的变革，因此将二者变革统归于科学理论语境之中。科学理论的重大变革必然引起整个科学观念的变革。“如果设某一学科观念为 T，表述这一学科观念的具体理论构成理论系列 t_1-t_2-t_3...，那么只有出现某个比较精致的理论 t_n 时，科学观念 T 才真正有可能得到确认。”[②]科学革命的理论语境变革体现了科学革命中信仰的改变。对于科学革命发生的理论语境可通过原有科学文本语境、发生科学革命的学科语境及相关学科语境来判断。其中，文本语境指科学家在原有文本语境中的文本创新。科学革命的发生首先表现为科学核心概念及理论体系的根本性变化，假设、公理，可接受性知识的新的形式的出现，以及其他性质的新的理论的出现。历史上已经发生的科学革命一定会对该学科产生影响，体现在该学科的文献资料中，也就是说，科学革命

① 魏屹东．李约瑟难题与社会文化语境．自然辩证法通讯，2002，3（3）：15-20.
② 诸大建．从板块学说看科学革命的若干问题．自然辩证法通讯，1990，（1）：13-17.

的发生会对该学科的理论结构产生重大变革。

（3）科学共同体语境的重大变革是科学革命发生在科学领域的承认性判据

科学共同体语境指科学革命在科学共同体认可的过程，它一般需通过口头、书面或著作的形式告知同行，得到同行的支持与认可，随后在整个科学界传播。它包括科学事件发生时科学家和目击者的证明、科学共同体的看法等关联要素。它们是对科学革命发生认可的最直接证据，但他们的判据受到他们的生活经历、当时社会对革命的政治态度、社会活动等方面的影响。爱因斯坦本人由于受20世纪科学是一种进化的思想的影响，认为相对论发现是科学积累发展的一个阶段。现在看来，他的发现引起了一场革命。这样就需要其他的社会语境作进一步的补充以确定科学革命的意义。1859年9月20日达尔文在致赖尔的信中说："你以前对物种不变性的怀疑，也许比我的著作对你的改宗影响更大……但是如果你能够转变过来的话，我将是极为高兴的。"1859年11月11日达尔文在致华莱士的信中说："胡克认为赖尔完全转变了。"达尔文生物进化论得到科学共同体认可的过程，体现了科学共同体观念变革的过程。科学共同体语境反映了科学事件在当时社会理论中产生影响的程度。

（4）社会认知语境的重大变革是科学革命发生在社会领域的诱发性判据

科学家个人对世界认知语境的重大变革，最终必然引起世人对世界认知语境的重大变革。它包括社会观念、思维方式等关联要素。历史上大型科学革命必然在社会领域引起人们认知模式的重大变革，这是科学革命在社会领域引起变革的源发性判据。18世纪，牛顿革命在社会领域形成静止、孤立、机械看待一切事物的认知模式；19世纪后期，达尔文革命在社会领域形成以发展的眼光看待世界的认知模式。

（5）社会领域的重大变革是科学革命发生的效应性判据

社会变革语境是基于科学革命引起社会技术、产业重大变革的过程，它包括社会核心技术、中心产业等的重大变革。科学革命是人类最伟大的变革力量。随着人们认知模式的重大变革，大型革命必然引起社会领域的重大变革。19世纪的麦克斯韦革命引发了电力技术革命和相应产业革命，20世纪的量子力学革命引发了信息技术革命和相应的产业革命，这些都反映了科学革命发生在社会领域的革命程度。科学革命的发生，促进了技术与社会的重大变革，因此，科学是伟大的社会变革力量。

（6）历史语境的重大变革是判别科学革命发生的背景性判据

科学革命的历史语境包括科学事件发生后科学史语境、史学家、当今科学家语境。在历史语境下，科学文本摆脱了具体历史环境的限制，能够比较客观地分析科学文本的意义。其中，科学史语境是指科学革命发生后科学史教育语境中关于科学事件的历史判别。19 世纪后半期，科学发展的主流是进步的，而不是革命的。但从科学史语境看，达尔文进化论以及法拉第、麦克斯韦和赫兹经典电磁理论分别在生物学和物理学引起了一场革命。当代科学家语境指当今该学科科学家对科学事件的总的看法。当今物理学家普遍认为，牛顿在近代引起了一场物理学革命，爱因斯坦相对论引起了一场现代物理学革命。

科学革命发生的“语境解释”判据，坚持了逻辑性与历史性、内史论与外史论、本体论与认识论的有机统一，这有助于全面把握科学革命的发生过程，为判断革命发生的级别提供了理论和实践依据。

（四）科学革命发生级别的“广义语境解释”模式

科学革命的发生涉及认知、理论、社会、历史语境的重大变革。对于已经发生的科学革命，我们可以根据“语境发生度”解决科学革命发生级别的标准问题。根据传播过程中的“语境发生度”将科学革命分为小型革命、中型革命和大型革命。经检验的语境越多，科学革命的级别就越大，反之，科学革命的级别就越小。小型科学革命是由科学家个体认知语境和理论语境构成的主语境或内语境的重大变革。设科学家个体认知语境发生度为 1，理论语境发生度为 2，当科学革命发生度为 1 和 2 时，则为小型科学革命。科学共同体语境是科学革命发生的主语境向关联语境传播的关键点，是内语境向外语境传播的分水岭，科恩称之为“论著中的革命”，库恩称之为“范式转换”，从科学革命传播过程看它处于传播的中间或过渡的关键阶段，因此，我们认为经过科学共同体语境检验的革命称为中型的科学革命，设科学共同体语境发生度为 3，当科学革命发生度为 3 时，我们称之为中型科学革命。大型科学革命不仅经历了小型和中型科学革命语境的重大变革，而且经过了社会、历史文化等语境的重大变革，它所经历的语境越多，革命级别越大。大型科学革命又可分为三个级别，即社会认知语境的重大变革，科学在社会领域引起技术、产业的重大变革，历史语境的重大变革，它们的语境发生度分别表示为 4、5、6，当科学革命语境发生度为 4、5、6 时，我们称之为大型革命。每个语境内的变革体现了科学革命在语境内的量变过程，因此不应再分级别。大型科学革命经过了所有语境的检验，如牛顿革命、达尔文生物进化论、爱因斯坦相对论、魏格纳大陆漂移学说等。对于小型科学革命来讲，一般主要经过科学家个体认知语境、理论语境的变革，是一场潜在的大型科学革命。19 世纪中期，法国数学家埃瓦里斯特·伽罗华关于群论的论文虽然没有及时得到科学院的认可，而是在他去世 14 年后得到科学家的认可，但他的工作仍是具有革命意义的，是科学理论层次的科学革命。19 世纪的孟德尔遗传学说在生物学引起的也是小型的科学革命。哥白尼天文学理论虽然没有得到当时科学共同体的认可，但他引起了人类宇宙观的重大变革，是一场理论层次的革命。

设科学革命语境发生度为 G，则

$$G=g\left(c_n\right)=\begin{cases}1\\2\\3\\4\\5\\6\end{cases}$$

当 G 为 1 和 2 时，我们称之为小型科学革命；当 G 为 3 时，我们称之为中型科学革命；当 G 为 4、5、6 时，我们称之为大型科学革命。

科学革命发生的“语境发生度”判据，首先体现了科学革命的发生在时间与空间传播的客观规律，即从科学家个体认知语境、理论语境、社会语境、历史语境传播的过程，从小型革命到中型革命再到大型科学革命传播的过程；其次，反映了科学革命发生过程中量变到质变、内语境（主语境）到外语境（关联语境）、低级到高级的演变过程；最后，客观解释了仅发生于主语境内的小型科学革命。哥白尼革命、孟德尔革命等由于社会、历史原因没有将内语境的重大变革扩散到外语境的重大变革，我们就说没有发生过科学革命，这对于评价科学家成就不是很客观。“语境发生度”为分析小型科学革命提供了理论和实践方法。从社会语境、历史语境中看并不存在一场哥白尼革命，但是哥白尼的工作确实引起了一场天文学领域中心概念的重大变革。从小型、潜在的科学革命发展到大型、现实的科学革命需要认知、社会、历史文化等方面参与和渗透才可能实现。为了促进科学革命的发生与传播，我们必须创造一个比较宽松的社会历史环境。总之，“语境解释”为我们分析科学革命的发生、判据及级别的认证提供了比较客观的语境基础及方法论意义。

（五）科学革命“广义语境解释”的现实意义

科学革命作为人类最伟大的文明成果，不仅改变了人们的世界观，而且通过技术革命促进了社会生产力的极大进步。近代以来，科学革命都是发生在意大利、英国、法国、德国、美国，这些国家曾是世界科学、技术、经济的中心。诺贝尔科学奖获得者也是主要集中于发生科学革命的国家。科学革命发生的“语境解释”对促进我国科学技术发展以及创建自主创新型国家具有理论和现实意义。

1.“广义语境解释”为内史论和外史论两种不同科学发展观提供了统一的语境基底

从历史上看，科学革命争论主要集中于内史论与外史论、革命论与连续论上。20 世纪 30 年代以来，以苏联科学史学家黑森为代表兴起了对科学革命的外史论研究，强调外部因素对科学革命的重大影响；20 世纪 50 年代以来，科学哲学家和科学史学家伯特、柯瓦雷、巴特菲尔德等，主要立足于科学理论的重大变革来研究科学革命。由于两者侧重点不同，无法在同一层面上进行沟通。而“语境解释”消解了内史论与外史论对科学革命分离的解释过程，在语境基础上实现了内史论与外史论的统一，在此基础上可评价多种科学革命观。科学革命发生的“语境解释”还体现了科学发展过程中量变与质变的统一，也就是实现了科学发展连续论与革命论在语境基础上的对话，即通过认知、理论、社会、历史文化语境发生度判别科学发展的连续性或革命性。简言之，“广义语境解释”比较全面、系统地分析和解释了科学革命的发生问题。

2.“广义语境解释”为分析不同级别的科学革命提供了语境判据

革命有大小之分，科学事件经过的语境判据的多少，可以作为科学革命发生级别的依据。例如，埃瓦里斯特·伽罗华在数学领域引起的是一场小型革命，孟德尔的遗传基础定律在生物学领域引起的是一场小型革命。而大陆漂移学说、板块构造学说等在地球科学中引起了一场革命，但并没有在社会语境中引起人们观念的重大变革，也没有引起社会领域产业结构的变革，因此，它们引起的革命只能算作是中型革命。而像牛顿的物理学、达尔文的生物进化论、法拉第和赫兹的电学理论不仅在科学语境中引起革命，而且促进社会观念或社会产业的变革，因而是重大的科学革命。语境解释能更好地反映科学革命语境不断变革的过程。

3.“广义语境解释”实现了逻辑性与历史性的统一

从逻辑性来讲，科学革命作为一种客观实在，它的发生过程是从思想革命到理论革命再到社会革命的过程，这是科学革命发生的逻辑。从历史过程过程看，它首先表现为科学家个体或群体在认知领域的革命，后引起科学理论的变革，后得到科学共同体的认可，有些引起社会领域的变革和历史语境的变革，体现了从科学事件引起科学语境、社会语境和历史语境不断变革的过程。所以，科学革命发生的广义语境判据反映了科学革命发生的逻辑，也是科学革命发生历史过程的客观反映。因此，“语境解释”实现了逻辑性与历史性的统一，对于我们分析历史中发生的科学革命具有重要的理论和实践价值。另外，历史判据与科学革命发生的逻辑发生在同一时间里，保证历史证据与逻辑标准在相应的时间里，实现二者的统一。

4.“广义语境解释”体现了科学革命在认知语境、科学语境、社会语境和历史语境不断传播与变革的过程

科学革命的发生过程是科学事件对不同语境作用的过程，体现了科学事件在不同语境中产生效应的过程。科学革命的发生过程首先引起科学家或科学家群体认知语境的变革。然后，引起科学理论的重大变革。后随着传播范围的不断扩大，引起社会语境和历史语境的变革。例如，牛顿革命首先引起牛顿本人以一种新的方式看待世界，引起他自己认知语境的变革。后引起物理学领域的一场革命。再后来被应用在社会领域，掀起一场社会领域的革命。从历史语境中看，牛顿对物理学的贡献被赋予“科学革命”的称号。对于没有引起认知语境、科学语境、社会语境和历史语境变革的科学理论，笔者不相信它是一场科学革命。因此，“语境解释”更能客观、历史地反映科学革命发生的客观过程。科学革命史本身就是一部科学、社会、历史相互作用的过程。

5.“广义语境解释”实现了辉格式与反辉格式研究传统的统一

科恩对于科学革命发生的四个判据建立在反辉格式的研究传统基础上，他本人反对辉格式的研究传统，即用现在的眼光看过去发生的事情。他的这种分析风格确实能反映一定时期人们对科学革命的看法。但是，由于不同时代人们对“革命”内涵的解释不同，进而造成对“科学革命”的认识不同。甚至，科恩将“科学革命”概念的出现作为科学革命发生的起源。这样就造成无法研究

17世纪以前曾经发生的重大的科学革命，这显然是不妥的，使科学革命研究处于断代史研究之中。

“广义语境解释”在辉格式与反辉格式之间保持了必要的张力。首先，生活在我们时代的科学史工作者，他的研究风格不可能不受当代科学史研究传统的影响，因而，完全做到反辉格式是很困难的。包括科恩在内，他的科学革命发生的解释模式也是在继承同时代库恩范式更替理论的基础上提出来的。其次，“语境解释”根据现在科学革命的语境内涵，以分析历史中发生的科学革命，是辉格式与反辉格式的统一。一方面，科学革命的语境内涵带有辉格式的特征，是受当代科学哲学和科学史研究的影响；另一方面，分析历史中发生的科学革命又是根据当时科学革命的变革程度来进行的，是一种反辉格式的研究传统。因此，“语境解释”比较客观地反映了科学革命发生过程中辉格式与反辉格式的辩证统一关系。

6.“广义语境解释”为研究中国是否发生过科学革命提供了判据

中国作为一个文明古国，天文学、数学、农学、医学是传统中发展最快的学科。著名的李约瑟问题：为什么在公元前1世纪到公元15世纪期间，中国文明在获得自然知识并将其应用于人类的实际需要方面要比西方文明有成效得多？需要一个新的解释视角。中国古代发生过科学革命吗？席文认为，“中国在17世纪可以说有过它自己的科学革命，是天文学领域概念的革命，即用数学模型解释并预测天象”①。他主张必须采用完全不同的研究方法，综合地理解从事科技工作的人的各种事项。这就需要从中国古代科学发展的认知、理论、社会、历史文化语境中寻找答案，不能以西方近代和现代科学标准来评价中国古代科学。“在古代，‘变’系指内部变化，外部形态或形状还全部或部分地保存着；而‘化’则是根本的变化,连外表也改变了。”②可以说古代人们认为“化”就是我们今天所称的“革命”。研究中国古代是否发生过科学革命，就需要从我国古代语境中寻找对科学“化”的分析及评价。这将是一个巨大的社会课题，对于弘扬古代科技文明，促进现代科学技术与社会可持续发展具有重要意义。

这一点是与“科恩语境解释”有很大区别的。科恩通过概念考证法，发现“科学革命”在西方被承认是17世纪的事情，根据科恩的四个判据，在17世纪

---

① Mendelsohn E. Transformation and Tradition in the Sciences：Essays in Honor of I.Bernard Cohen. Cambridge：Cambridge University Press，1984：548.

② 李约瑟．中国科学技术史．第二卷．何兆武等译．北京：科学出版社，上海古籍出版社，1990：83.

以前从历史文献来看，不可能有关于“科学革命”的相关记载，因此就不可能发生科学革命，因此，他主要研究了 17 ～ 20 世纪的科学革命。笔者认为，“科学革命”这个词什么时候出现或被承认，并不影响我们的分析。只要引起科学语境、社会语境和历史语境的重大变革，我们就可以说是引起了一场革命，革命的级别需要通过我们所列的科学革命发生的广义语境判据来进行分析。显然，对于中国古代是否发生过科学革命需要考证当时引起科学语境、社会语境和历史语境的变革性。

7.“广义语境解释”对促进我国科学技术发展提供了“范式”效应

通过对科学革命发生的“广义语境解释”，我们认识到社会制度与文化的变革不仅是促进科学革命发生的重要因素，同时还是促进科学成果社会化进程的基本动力。从历史上看，近代科学革命以来，世界科学中心、技术中心、经济中心转移的顺序是一致的，即意大利—英国—法国—德国—美国，使这些大国依次崛起。20 世纪以来，随着“大科学”时代的到来，科学远远走在了技术与生产的前面，要实现经济社会的繁荣发展，必须大力发展现代科学技术。每年颁布的诺贝尔科学奖代表了世界科学创新的最高水平，诺贝尔科学奖得主美国生物学家詹姆斯·沃森（James Watson）在获奖之后说：“我们获得如此高的荣誉，非常重要的因素是由于工作在一个博学而宽容的圈子。”[①]他在这里指的是英国剑桥大学卡文迪许实验室。该实验室治学严谨，学风民主，思想开放，不拘泥于权威，鼓励每个人特别是年轻人从事创造性的工业。科学史证明：科学研究活动有着自身的运行逻辑与价值追求，为了促进我国科学技术的发展，实现中华民族的伟大复兴，必须在有利于创新的环境中发展我国科学事业，遵循促进科学发展的“范式”规律，实现现代科学革命发生在中国的伟大梦想。

科学革命的发生过程就是科学理论、科学观念、科学思维方式发生重大创新的过程，是科学创新成果促进技术创新、文化创新、制度创新的过程。从“广义语境解释”看，科学革命的发生大大增强了源发国科技自主创新能力以及创建自主创新体系的能力。诺贝尔自然科学奖是世界范围科学界至尊奖项，诺贝尔科学大奖的获得数量在一定程度上反映了一国科学创新的能力水平。然而华夏文明灿若星河，本土培养的诺贝尔科学奖得主很少，最根本的原因之一就是我们缺乏自主创新的能力环境。党的十七大报告指出：在 2020 年要使我国进

---

① 程光胜．历史的启示．科技日报，2003-04-25.

入创新型国家行列。要实现这一伟大目标，必须增强我国的自主创新能力，而科学革命的发生是代表自主创新能力的最高指标，所以，我们必须大力发展尖端科学事业，提升我国的自主创新能力。

8.“广义语境解释”对促进我国社会变革具有极强的辐射效应

科学革命的发生需要社会制度、社会创新文化等环境因素的支持。科学革命的发生通过技术革命应用于生产领域，在社会领域引起了产业革命。马克思说“资本主义在它不到一百年的历程中创造的生产力比过去一切时代还要多”，这是科学革命促进社会进步的伟大见证。近代以来，科学革命已促进社会发生多次转型：近代科学革命使人类从农业社会进入工业社会，现代科学革命使人类从工业社会进入信息社会。目前，我国科技创新成果逐年增长，但是科技成果转化率低，科技与生产的结合力度较低。要实现中华民族的伟大复兴，在促进科学革命发生的同时，还要注重科学对社会的变革作用。但是科学是追求真理的过程，我们在社会制度、奖励机制方面要防止将科学研究看作是取得经济回报的工具。正如同科学社会学家齐曼（J. Ziman）所说的，社会上最糟糕的、耗费巨大而又无益的事，是把科学研究仅当作一种致富的捷径。

总之，科学革命发生“广义语境解释”的实质在于揭示：1）客观性：目的是分析是否有科学革命发生以及其发生的语境机制。2）相关性：科学革命发生中认知、理论、社会、历史文化语境的相关性。3）统一性：内史论与外史论的统一、辉格式与反辉格式的统一、革命性与连续性的统一。“广义语境解释”使我们认识到：第一，不同语境因素在科学革命发生过程中的作用是不同的，我们需处理主语境与次语境的关系。第二，科学发现的过程是非逻辑的和不可解析的，但对于科学革命的发生来讲是逻辑的和可分析的，可根据它们发生的共性，在语境层面上给出最一般意义的判断标准。第三，对于每一次科学革命的发生进行语境分析具有相对的和具体的意义，而不是绝对的和抽象的意义。而且随着社会实践的发展，科学革命发生的“广义语境解释”在实践和视域基础上是不断变化的。第四，加强科学革命发生问题的研究，对提升我国科学技术发展能力，创建自主创新国家，促进科学技术与社会和谐发展具有重要的现实意义。

第三节 科学史是一门建立在多条件、多维度基础上的综合性学科

1912 年 *Isis* 杂志的创立标志着科学史作为一门独立性学科的开始。在近一个世纪的发展中，科学史经过了从内史到外史研究的转变过程。而语境解释就是将科学放入认知、科学、社会、历史、文化相关的语境中进行解释。科恩是语境论科学编史学的代表。在他看来，科学史研究内容及其价值具有语境性；科学史学科本身具有语境特征，它与历史学、科学、文化等方面紧密联系在一起；科学史研究也体现了鲜明的语境特征，对于研究者来讲，需掌握多学科知识，同时科学史研究还受社会因素的影响；他的科学史的解释方法在更高层次上体现了语境论特征，所有这些组成了他的语境论科学史观。

一、科学史是一门综合性学科

科恩是萨顿的学生、柯瓦雷进行牛顿《原理》研究的合作者，他在继承前人研究的基础上提出了一些关于科学史学科的新观点，这些观点体现了科学史学科本身的特征，他本人也成为这些观点的实践者。

（一）科学史学科具有科学与历史双重身份

在科学史领域关于科学史的学科性质一直存在争议。早期学者将科学史归属于科学，认为科学史是科学的历史，历史基本是科学的附庸。从事科学史编纂的人也大都是退休的科学家或是有科学背景的史学家。后来随着科学史学科的建制化，专业的科学史学家逐渐增多，主张科学史应从属于历史学科的呼声也越来越高，如库恩和霍尔等人都坚持科学史的历史性质。而科恩认为“科学史具有双重资格——科学的和历史的，因为这使我们能够理解为什么专业的科学史学家如此之少”[①]。正是由于科学史学科的双重语境身份，一方面，从事科学史研究人员的队伍在扩大——从事史学、科学、科学哲学、科学社会学的人都可以研究科学史；另一方面，科学史研究处于一种混乱状态，似乎科学史门槛比较低。对于科学史研究者来讲，他所研究的时段越近，他就必须掌握更多的高深的知识。

---

① Cohen I B. A sense of history in science.Science and Education，1993，2：253.

科恩作为柯瓦雷的合作者，受柯瓦雷概念分析法的影响，认为对科学史的研究应考虑相关概念的表现形式及其内涵。概念涉及一个词的形式与内容的变化与应用过程。“概念的历史，不能与这个词本身使用方式的历史分开。”[①]科恩对“革命”“科学”“力”等概念的语境进行了分析。revolution本身源于拉丁文，最初的含义是“使后退”“回归”“再发生”。到中世纪和文艺复兴时期，revolution这个词的本义是天文学方面的，表示任何旋转或周而复始的情况。到17世纪，revolution有两种含义，一种指任何一种周期性的事物的变化，另一种指颠覆、推翻。1688年英国的光荣革命，使循环的revolution的用法有了发展，即它可用来表示变化所具有的非凡性，结果这个词指“某种全新的事物的输入”。“在16世纪和17世纪，甚至在18世纪，巨大的变革都被称作是revolution。”[②]对“科学革命”的首次承认是17世纪的事情。威廉·坦普尔爵士在17世纪下半叶所写的一篇论文《论健康与长寿》将哈维的血液循环学说称为医学帝国中的“伟大变革或革命”。既然对革命含义的认可和对科学革命的承认发生在17世纪，科恩认为分析17世纪以前的科学革命是没有意义的。因为概念的历史应与其在当时历史语境中的使用相联系，离开概念的使用语境，就会违背历史原则。库恩认为哥白尼引起了一场革命，但从科恩的概念语境来看，哥白尼时代并没有“科学革命”这个词，当然也不存在哥白尼革命。因此，后来的哥白尼革命是历史学家虚构出来的事件，而不是真实的历史事实。

科恩在研究富兰克林时发现为什么他被认为是发明家而不是科学家。除了因为他没有上过大学，他科学最强时维持的时间有些短外，还有一个原因就是“很多历史学家不知道足够的物理学知识以理解和评价富兰克林对基础理论的贡献”[③]。对于科学史研究者来讲，具有相应的科学素养是非常重要的，否则无法对科学家的科学成就进行全面而系统的分析。

科学可分为基础科学与应用科学，科恩认为科学史研究也可分为理论科学史和应用科学史。理论科学史从理论语境研究科学史，应用科学史主要从社会、文化等语境研究科学史，这从另一个角度反映了科学史具有科学语境和历史语境的双重身份。科恩通过概念分析法解释了在理论语境中科学进步的过程，同时在社会、历史语境中分析了科学革命发生的外部条件，他成为该理论的实践者。

---

① 张立英．论失败的科学革命——兼评科恩的科学革命理论．自然辩证法研究，2004，20（9）：45-49.

② 科恩．科学中的革命．鲁旭东等译．北京：商务印书馆，1999：79.

③ Cohen I B. Science and the Founding Father—Science in the Political Thought of Jefferson，Franklin，Adams，and Madison. New York：W.W. Norton & Company，1995：134.

（二）科学史离不开人文科学

科学史创始人萨顿认为文明史主要集中于科学史。他所撰写的《科学的历史》就是科学史与文化史相融合的重要范例。科恩作为萨顿的学生，继承并创新了萨顿的观点。

科恩分析了美国革命到二战后科学与政治的关系，他通过文献方法说明 17 世纪哈维的方法、概念和发现对哈林顿的影响。“哈林顿使用哈维心脏功能和血液循环学说解释和证明一个立法机关应该有两个部门。”[①] 科恩在 1995 年研究了牛顿科学对美国第二任、第三任、第四任总统约翰·亚当斯、托马斯·杰斐逊、托马斯·麦迪逊和电学家本杰明·富兰克林政治方面的影响，说明了科学概念、原理和法则通过类推和隐喻被应用于社会政治思想和行为中的过程。科恩还研究了自然科学与社会科学之间的关系，反映了科学史作为文化史一部分的过程。科恩在对富兰克林、牛顿等科学家科学思想研究的过程中展示了人类智力史的发展过程。因此，科恩不仅认为科学史应该是文化史和智力史的一部分，而且他通过科学史的研究证明了对科学史的分析离不开文化语境和智力语境。

（三）科学史学科应反映当代科学与历史、人文之间的关系

科学史不要经常停留在对古代或近代科学史的研究上，也应追踪当代科学发展历史。这是科恩不同于其他科学史学家的显著地方。在科恩之前，萨顿主要研究了中世纪科学史，柯瓦雷主要研究了哥白尼、伽利略的科学思想史，沃尔夫研究了 17 ～ 18 世纪科学史，而他们对 20 世纪科学发展很少研究。

科恩认为，作为科学史学家应追踪同时代科学发展。一方面他研究了 20 世纪科学发展的语境特征。具体来说，科恩分析了 20 世纪 40 年代科学与战争的关系。美国内战到一战爆发前，在科学机构同政府的关系从合并到分化的过程中，科学家的功能也经过从服务战争到服务社会的转变。二战期间，美国的科学又服从于国家的需要。在战争期间，物理学解决了通信问题，发展了电话工业，促进了飞机之间的信息交流。美国科学研究又从分化走向新的融合。1998 年科恩从计算发展史角度研究了电子计算机之父艾肯。艾肯不仅是数字计算机的推动者，而且是计算机民用化过程的缔造者。这种思想也反映在科恩对查尔斯·默顿的研究中。查尔斯·默顿武断地将他所掌握的关于 17 世纪的间接材料

---

① Cohen I B. Harrington and Harvey：A theory of the state based on the new physiology. Journal of the History of Ideas，1994，55（2）：192.

放入亚里士多德范畴，并且忽视了17世纪牛顿等人已证明光速是有限的科学发现，他并没有将当时新的发现融入他的系统中。科恩评论说："他（默顿）强调系统而不是发现，是系统审美特质，而不是科学发现本质。"[①]另外，他将当代科学家对历史中科学事件的看法作为历史中科学革命发生的判据之一，体现了当代科学研究的必要性。

二、科学史研究有其主客观条件

在科恩看来，科学史的发展取决于三个方面："训练有素的科学史学家、进一步的研究、研究成果的传播。"[②]科学史发展的特征，决定了它的研究受研究者主观和社会客观语境条件的制约。一方面，从事科学史研究的学者不仅应具有科学方面的知识，而且应具有社会的、历史的、文化的等方面的知识；另一方面，科学史研究水平还受社会条件的影响。科恩从科学史研究的主观和客观两个方面分析了做好科学史研究的语境性。

（一）科学史研究的主观条件

科学史研究者作为科学史研究的主体，他们的科学史研究的深度与广度是由他们的知识背景决定的。科学史研究者应掌握历史学、科学、语言学、社会学、经济学与文化学等方面的知识和方法，并且应具有历史责任感。

首先，科学史研究者应具有科学、史学方面的知识。目前，科学史研究者来源于不同背景，有些受过自然科学训练，有些受过社会科学训练，有些受过人文科学训练，这个群体在不断扩大。但随着科学史学科建制的不断推进，科学史研究对象从近代向现代科学过渡，对科学史工作者提出了比较高的要求。科学史工作者不仅应具有历史工作者的世界观、分析原始材料的方法及评价标准，而且应掌握近现代科学理论并具备实践经验。哈佛大学科学史学术机构认为：每一个科学史学位的考生应展示他在一个或多个一般历史学领域和有关历史图表的训练和能力。但是科学史学家不同于历史学家，因为科学史学家要将历史学方面的训练应用于科学史，而不是更多的传统领域。因此，科学史学家增加了知晓他所研究的科学领域发生事情的重担。萨顿作为科学史学科的开创

---

① Cohen I B. The compendium physicae of Charles Morton（1627-1698）. Isis，1942，33（6）：657.

② Cohen I B. Present status and needs of the history of science.Proceedings of the American Philosophical Society，1955，99（5）：343.

者，具有多学科的文化背景。“他先学习哲学，后学习自然科学，学习了化学、结晶学、数学和天体力学。”① 科恩在对一本关于哈维的著作进行评论时指出：“对科学史有很强的洞察力的人是这些人：对过去科学有很深的理解和对当代科学的掌握。”②

其次，科学史研究者应掌握多种语言。科学史作为传播科学思想、科学成就的主渠道，作为人类文明的重要部分，科学在从一个国家和地区传入另一个国家和地区的过程中，通过翻译使不同语言的人都能很准确地理解它，是一件很困难的事情。萨顿本人精通 14 种语言，柯瓦雷精通古希腊语、英语、意大利语、德语、俄语和法国等多种语言。科恩在翻译牛顿《原理》基础上概括了翻译科学著作的基本原则，即独立原则、客观原则。当我们在翻译科学著作时不要受前人翻译的影响，否则会重复前人所犯的错误，并且翻译时“注意翻译的准确性，不能歪曲作者原来的意图，不能过多地改变原文的结构”③。

再次，科学史研究者应具有历史责任感。在科恩看来，科学史研究者必须在尊重历史事实的基础上进行研究，这是对科学史工作者的一个客观要求。科恩在一篇书评中指出：“作者在他科学名望的权威下授予他写自己政治观点的权利，并没有授予歪曲历史或科学事实的权利。”④ 另外，科恩认为作为科学史研究者必须深入调查取得第一手材料。科恩在对富兰克林、牛顿、艾肯、科学革命等的研究过程中首先是在占有第一手资料的基础上进行的。科恩作为著名的科学史学家，他对科学史研究具有极强的责任感，这体现在他的论著和书评中。在论著中，为了体现资料的可靠性，他查阅大量的第一手资料，包括著作、论文、谈话、书信、别人的评价等，并在论著后附有脚注和评论。这说明他是很严谨、很负责任的。在他的书评时，他诚恳地将每本书的优点与缺点指出来，并提出可能修改、扩展的意见。所以，科学史研究者必须具有社会责任感和历史感，不能误解历史和歪曲历史。

在科恩看来，科学史研究者的历史责任感重要的是要保证材料的客观性与准确性。在科学史和科学方面最可靠的信息不是从课本或书中获得的，而是从当时出现在杂志中的论文中获得的。这些论文可从科学史杂志如 *Isis* 或者学科

---

① Cohen I B. Reviewed work(s)：The history of the telescope by Henry C. King. Isis，1957，48（3）：286.

② Cohen I B. Reviewed work(s)：Edmond Halley：Charting the heavens and the seas by Alan Cook. Isis，2000，91（4）：781.

③ Cohen I B. Reviewed work(s)：Histoire de la mecanique. Preface de Louis de Broglie by Rene Dugas. Isis，1951，42（3）：272.

④ Cohen I B. Reviewed work(s)：Science advances by J. B. S. Haldane. Isis，1948，38（3/4）：255.

杂志、综合科学杂志如《自然》中获得。*Isis* 每期的重要文献汇编收集了全世界有关科学史方面包括论文和图书的目录，你可以找到想找的信息。由于一些论著存在重复旧的错误或产生一些新的错误的问题，选择一本好书显得十分重要。科恩发现评价一本书的好坏可通过以下途径：查阅关于它的一些评论；检验一个或更多的作者所熟悉的出版物；检测脚注或目录，并阅读它的前言；通过写作方式判断作者为想达到什么目的所做的准备情况；对于似乎合理与似乎不合理的事情需查证。

科学史作为人类文明的重要组成部分，它存在被翻译成多国语言的可能。作为科学史学家的科恩认为，翻译工作应具有责任感。首先，应注意翻译的准确性。不能歪曲作者的目的，不能过多地改变原文的结构。其次，翻译时不要先看其他人的翻译。由于太容易受其他翻译的影响，甚至在某种程度上无意识地在重复他们的错误。因此，翻译应先做到自主翻译。再次，翻译应保持原著的风格，让原文表达它自己。例如，应尽量保持原著中的表达方式，尽量不用自己的话语表达原著，也不要通过增加一些自己的观点以扩展原著。最后，对于不同版本的差别，很多编者的评论和解释可以放到后面的注释中。1999 年科恩将牛顿拉丁语的《自然哲学的数学原理》翻译成英文版时，保持了原著的风格。"一方面保存了牛顿数学表达的形式，另一方面抵制住了用自己话语表达牛顿公式的诱惑。"[①]

最后，科学史研究者对科学史要有兴趣和热情。科恩选择科学史专业是出于他个人的兴趣，萨顿对科学史的研究也是出于他本人的兴趣和热情。在这种热情和兴趣的支撑下，萨顿创办了科学史杂志。科恩在他的书评中也指出热情的重要性。科恩在评价一本关于哈维的著作时，指出"作者对哈维研究成功还有一个因素就是对这个主题的热情"[②]。

（二）科学史研究的客观条件

科学史研究水平不仅受研究者主观条件的影响，而且还受科学史学科建制、社会等因素的影响。

首先，科学史发展受科学史学科发展阶段、学科建制水平的限制。科学史作为 20 世纪初发展的学科，很显然，在该学科创建之初，对科学发展的历程进

---

① Cohen I B. The *Principia*：Mathematical Principles of Natural Philosophy. Berkeley：University of California Press，1999：XIII.

② Cohen I B. Reviewed work(s)：Edmond Halley：Charting the heavens and the seas by Alan Cook. Isis，2000，91（4）：781.

行实证的分析将是十分必要的，否则科学史的研究将会是“空中楼阁”，因而萨顿的研究带有浓厚的实证主义特征。随着科学史研究的不断深入，他的研究方式逐步从内史研究向外史和综合史过渡；研究内容逐步从科学文本扩展到历史、政治、社会等文本中。科学史发展阶段决定了科学史研究的方式及其内容。科学史自创立以来，学科建制取得了显著成就。科学史杂志从最初的 *Isis* 扩展到数十种，包括专门史杂志和综合史杂志，如数学史杂志、天文学史杂志、计算机史杂志。另外，很多大学授予科学史学位，许多技术学院开设科学史方面的课程。科学史学会的种类和数量也在不断增加，出现了专门的科学史学会。美国科学史学会成员在 20 世纪 40 年代不足 500 人，然而，现在美国科学史成员超过 2 万人[①]。

其次，科学史发展水平客观上受社会因素的限制。科学史研究可以分为理论科学史和应用科学史，理论科学史侧重从理论语境对原始材料进行收集与整理，为科学活动提供有价值的信息，同时为史学家提供长久的史学价值，而应用科学史侧重科学史与文化史、智力史、政治史之间的关系。应用科学史研究往往可以得到一些机构、学会的资金和人力方面的支持，而理论科学史研究很难得到一些机构的支持，因而国家基金的支持很重要。

科恩在研究富兰克林时也反映了学科建制与社会因素在科学史发展中的重要地位。科恩发现在他之前人们认为富兰克林是一位发明家、政治家，而不是科学家。科恩在对富兰克林研究过程中发现富兰林首先是一位理论科学家，其后才是发明家和政治家。科恩认为，人们认为富兰克林首先是发明家而不是科学家是由当时科学发现、科学史学科建制、科学史研究者学术水平决定的。另外，还受科学史研究者知识背景的限制。

三、科学史研究是多维度的

自科学史学科建立以来，科学史研究内容经过了不断变革的过程。在科恩看来，科学史研究内容具有语境性。不同的科学史学家对科学史研究内容具有不同的认识。在科恩看来，科学史论题不能被孤立地理解。这就要求科学史研究主题必须放入相应的语境中进行研究。科恩认为科学史应放入认知、科学、历史、社会等语境中进行研究。

---

① Cohen I B. A sense of history in science. Science and Education，1993，2：277.

首先，从认知维度看，科学的发展过程首先很重要的就是引起认知语境的变化。科恩认为认知语境对于研究科学家的思想发展过程具有重要意义。他本人对牛顿提出经典力学体系的认知过程进行了研究，但是他在《科学中的革命》一书中没有谈科学革命发生时认知语境的变化。因为科恩认为对于认知语境的确定，寻找证据比较困难。但他本人还是很重视对认知语境的研究的。

其次，从科学维度看，科恩认为科学史学家应关注：科学家怎样做实验；一项重要科学实验产生的影响；科学家为什么要做这些实验；科学家怎样得出结论；这些结论产生怎样的直接影响和间接影响。科恩在评价一本关于望远镜的书时指出："这本书最吸引人的特征是给出了一些技艺人、仪器制造者和天文学者的信息。另一个是熟练地合并了关于仪器建造的细节和它们在科学上的使用的资料。"[①]这本著作很受欢迎，因为很多科学史叙述在讨论思想发展时没有论及使科学思想成为可能的科学工具。在科恩看来，对科学工具的研究有助于科学思想史的研究。另外，历史学家的任务还应研究科学概念的变化与转移过程。科恩在《科学中的革命》中分析了"革命"概念在不同学科之间被应用和变革的过程。在科恩看来，这也是科学史学家应该关注和研究的领域。而他本人在对牛顿、富兰克林等进行研究时也通过概念分析法分析了科学概念的变化过程。

再次，从历史维度来看，科学思想史研究通过强调科学概念早期发展和其后概念的进化，能够使人们避免错误地认为我们先辈们没有我们有创造力，能够使人们了解到为什么科学家在当时会提出一些我们今天看来如此明显的错误的科学理论。

最后，从社会维度看，科学思想史研究对教师也是很有帮助的。"老师应花费一些时间致力于读和试验一些科学事实，主要目的是为了消除对历史的天真的态度。"[②]在准备有关历史内容方面的演讲时，教师应花费15～20分钟检查材料的准确性。因为我们所读的书未必都是真实的历史再现。

萨顿认为"艺术、科学、正义感、道德和宗教思想的发展……在绝大多数的情况下是孤立的个人创造的"[③]。萨顿似乎并不主张从社会、历史背景中研究科学史。在科恩看来，科学史不仅应从理论语境分析科学家的科学成就，体现科

---

① Cohen I B. Reviewed work(s)：The history of the telescope by Henry C. King. Isis，1957，48（3）：358.

② Cohen I B. Science and education sense of history in science. Isis，1993，2：251-277.

③ 乔治・萨顿 . 科学的生命 . 刘珺珺译 . 北京：商务印书馆，1987：53.

学进步的历程，而且还应从历史语境中分析科学家发表文章之前的思考，他的科学成就在历史中被人们认可的进程，从社会语境中分析科学理论形成的社会、文化因素。随着大科学时代的到来，将科学事件放入更广泛的语境中研究不仅是必需的，而且是必然的。

科恩本人是科学史多维度的提倡者和实践者。从研究主题看，科恩将人物研究、科学与社会关系研究、科学史教育等放入广义的语境中进行研究，体现了科学史研究内容的多维度性。他在研究富兰克林、牛顿、一些科学史学家等时贯彻了这一思想。科恩在《科学中的革命》中将科学革命发生的四个判据建立在认知、科学、历史、社会等语境基础上，使人们从多视角理解科学革命发生的复杂性与规律性。

从断代史和国别史看，萨顿主要研究了古希腊和中世纪科学，他认为自己是研究中世纪科学的专家。柯瓦雷主要研究了16世纪伽利略科学。科恩作为继萨顿和柯瓦雷之后的科学史学家，在继承他们的研究传统的基础上主要研究了17、18世纪的牛顿和富兰克林。科恩在对这些人物进行研究时，是将这些人物放入广义的语境中。从国别史看，科恩主要研究了美国科学史。他从认知、科学、历史、社会等角度研究了富兰克林的科学成就以及其对社会产生的影响。科恩研究美国科学史的价值等主题也是从多语境中进行研究。所以，无论从研究主题还是从断代史和国别史看，科恩都是将研究内容放入认知、科学、历史、社会等多维度中进行研究的。

四、科学史对促进多学科发展具有重要价值

在科恩看来，科学史将转向科学社会史，他强调科学史对相关学科的功能。科学史以科学为研究对象，根据研究的价值的不同，也可以分为纯科学史研究和应用科学史研究。纯科学史研究包括发掘资料和解释资料。科学史学家更多地关注纯科学史研究。科学史对相关学科如一般历史、思想史、哲学、科学解释等具有重要价值。

（一）科学史对自然科学具有重要价值

科学史研究科学思想发展与传播的过程，对科学具有重要价值，主要表现在以下四个方面。一是科学史教育对科学的价值。科学史教育“通过说明科学与文化、科学与神学、科学与艺术、科学与哲学、科学与政治思想等的联系作

为说明科学与我们文明主要分支之间的联系”[①]。科学史作为人类文明的重要组成部分，使学生了解科学在人类文明发展中的地位。科学史教育还可以训练工程师，科学史可以作为人文科学与技术科学关系的桥梁。二是科学史研究对科学进步本身具有特殊的价值。将科学家思想反复灌输给科学工作者，对他们科学思想的产生是有帮助的。科学思想史的各个方面对科学家理解自然科学或科学事业特殊的本质特征是有帮助的。三是科学史对于评价科学事业和科学作为文化力的作用是很有价值的。在近一百年里，科学对我们的生活、健康、工业、经济和我们的社会结构产生的影响，需要通过历史信息展示出来。因此，对于各个时期科学思想、科学方法和科学信息、很多国家文化领域的研究是很必要的，这些对于评价科学事业的作用是很重要的。四是科学史对研究科学机构的发展是很有价值的。通过对科学机构发展的研究可以反映不同时期科学机构对科学家支持的领域，以及科学活动、科学交流的地位等。

（二）科学史对社会科学具有重要价值

很重要的一个方面是科学史对社会科学的作用。默顿的《17 世纪科学、技术与社会》（*Science, Technology and Society in Seventeeth Century*），反映了科学史对社会科学发展的作用。科学不能直接引起社会的变革，它对社会的作用是间接的。一是科学可以通过技术和产业引起社会变革，特别是 19 世纪以来，科学走在了技术和生产的前面，科学成为引领社会进步的原动力。二是科学通过引起观念的变革促进社会进步。达尔文的进化论、爱因斯坦的相对论通过改变人们传统的观念，促进社会进步。

（三）科学史对人文科学具有重要价值

科学史对历史学具有重要价值。科学史不仅对一些伟大发现进行描述，而且展示科学思想发展对西方文明、人类思想和社会走向的价值。科学史研究有助于学生理解人类文化和智力的发展历程。科学史研究还对人类艺术具有重要作用。科恩在评价两本摄影史的著作时发现摄影开始于科学，结束于艺术。科学与艺术通过摄影技术联系在一起。

因此，为了实现科学史价值，科学史工作者必须“使他的研究对于很多人

---

① Cohen I B. Present status and needs of the history of science. Proceedings of the American Philosophical Society, 1955, 99（5）：344.

是可理解的，以这种方式写科学史将会产生很重要的影响”[①]。怎样做到使科学史对很多人来讲是可理解的，要求科学史工作者对调查的材料需要有第一手资料，对计划调查的科学史操作技术很熟悉，如对科学实验背景、实验过程很熟悉，具有确凿的文科知识和历史中的技术工艺知识。也就是说要将科学史研究放入认知、科学、社会、历史背景中进行研究，它才可能具有更广泛的价值。

五、科恩科学史观的意义

综上所述，科恩关于科学史学科、科学史研究主题、科学史研究条件及其价值的观点，体现了当代科学史发展的一些特征，对促进科学史的发展具有重要意义。

（一）科学史学科的多维度性体现了科学史学科的综合性

科学史具有科学、历史、文化、社会等方面的多维度性，科学史在相互关系中得到表达，体现了科学理论或科学事件客观存在的形式。特别是大科学时代的到来，科学史的边界在不断地扩展，科学的运动、变化和发展，成为科学史再发展的依据和基础。科学史的多维度性为我们做好科学史研究提供了理论指导。但是，科学史的边界也不是可以无限地扩展的，它的结构是由科学发生过程所涉及的因素决定的。不同时代科学的发展具有不同的维度。因此，我们在进行科学史研究时，应根据历史材料，客观分析科学史的不同维度。

（二）科学史研究主题体现了科学史发展的多因素性

从历史上看，对科学史的研究经过了内史、外史和综合史。科学作为动态发展的人类活动，它的发展往往是内因、外因等多种因素相互作用的结果。科学本身发展的多维度性决定了科学史研究内容的多维度。我们对于多维度中的科学发展，只从某一维度进行分析，不能反映科学发展的客观过程。这就要求我们在分析科学时，首先应分析它的发展与传播所涉及的维度因素，其次在多维度中分析各种因素之间的关系问题。只有这样我们才能还原历史，分析历史。

---

① Cohen I B. Reviewed work(s)：History as a literary art：An appeal to young historians by Samuel Eliot Morison. Isis，1948，39（3）：198.

（三）科学史研究条件的复杂性体现了科学史研究的高难度性

科学史研究涉及研究者主观的语境条件和社会客观的语境条件。科学史研究者必须具有科学、历史、社会学、文化学、语言学等多方面的知识，才可能做好科学史研究。而目前我国科学史研究者多是具有科学、历史、哲学方面的知识，对于文化学、多种语言的掌握还存在不少问题，这大大制约了我国科学史研究的进程。另外，我国科学史研究起步较晚，科学史学会、学科的建制化程度有待提高，这些成为制约我国科学史研究的客观因素。为了促进科学史研究，必须从主客观条件的建设入手，全面系统地提升我国科学史研究水平。

（四）科学史研究价值的多维性体现了科学史研究的重要性

科学史作为一门交叉学科，它的交叉性特点决定了它的价值的多元性。科学史作为科学的分支，它的研究的深入对科学发展具有重要价值，使我们可以做到以史为鉴。科学本身发展的社会化特征，决定了科学史研究对社会具有重要价值。而科学作为文化，折射出科学史研究的文化价值。因此，科学史研究对于多种学科都具有重要价值。为了实现它的价值的最大化，我们应加强科学史的研究，促进科学史的传播，发扬它的多元价值功能。

概言之，科恩作为20世纪科学史大师，他的科学思想集中体现在他的科学进步观、科学革命观和科学史观中。通过对他这三观的挖掘与分析，一方面反映出美国科学史编史思想的最新进展，另一方面对促进我国科学史的发展具有借鉴意义。

第四节　科恩科学编史思想的语境论特征

自20世纪以来，科学史研究主要经历了内史、外史和综合史三个阶段。内史“指科学本身的发展史，它不考虑社会因素对科学的影响”[①]。也就是说，内史是在历史语境中对科学语境本身的研究。“外史关注科学的社会背景和历史文化背景以及社会因素对它的影响。”[②]或者说，外史对历史语境中科学发展涉及的社会语境进行研究。综合史在坚持科学内史的同时，也主张社会对科学的影响。

① 魏屹东．广义语境中的科学．北京：科学出版社，2004：39.
② 魏屹东．广义语境中的科学．北京：科学出版社，2004：40.

显然综合史是将科学放入更广阔的历史、科学和社会语境中进行研究。综合史研究通过语境方法消解内史和外史的分离，实现二者的统一，体现为一种语境论编史思想。科恩作为美国著名的科学史学家，其科学史观体现在他的论文、著作和书评中。通过对他的论著、书评的分析我们发现，科恩的科学编史思想是一种语境论编史思想，他在历史语境、科学语境和社会语境中研究了科学本体、科学发展模式和科学价值问题。在他看来，科学本体来源于历史语境，科学发展是历史和科学语境中传统与进步的更替，科学的认知价值在历史和科学语境中体现对相关学科的多元功能，科学的社会价值在历史和社会语境中体现对社会和民众的变革功能。

一、科学本体：源于历史语境

科学作为科学哲学和科学史的研究对象，首先需要解决科学本体问题。科学哲学家主要从逻辑角度确定科学的本体。近代逻辑实证主义者认为科学应以“证实”为标准。只要是能被经验事实所证实的就是科学的。波普尔反对逻辑实证主义的科学思想，认为“衡量一种理论的科学性在于它的可证伪性或可反驳性、可检验性”[①]。科学理论根本不可能被经验证实，而只能被经验证伪。逻辑经验主义者和波普尔从逻辑语境分析了科学的本体。虽然他们的理论确实在一定程度上回答了科学是什么的问题，但是存在两个明显的不足：一是没有考证科学概念而直接解决科学本体，使科学处于混乱状态。逻辑经验主义的理论也许更适合于古代科学，波普尔的理论也许更适合于近代科学。同一种理论解释不同时代的科学显然是站不住脚的。二是由于对历史分析的不足，出现的反例很多，质疑声不断。

作为科学史学家，科恩特别关注科学的本体问题。一方面，在历史语境中科恩考证了科学概念的时代性、区域性特征；另一方面，在历史语境中他确定科学的划界问题。

从历史语境看，在古代农业社会，哲学作为知识总汇的形态，包含了自然界、社会和人类思维的最一般规律。中世纪时期，神学占据了统治地位，哲学成了神学的附庸。近代科技革命使物理学、数学、天文学、技术科学逐步从哲学中分化出来。19 世纪自然科学进一步分化，形成数、理、化、天、地、生等

① 卡尔·波普尔．猜想与反驳．傅季重，纪树立，周昌忠，等译．上海：上海译文出版社，2003：338.

学科体系。技术科学也在该时期进一步分化形成化工技术、机械技术和采煤技术，等等。而哲学、文学、艺术等则形成了人文科学。这样一来，在19世纪中期科学划分为三大阵营：自然科学、社会科学和人文科学。显然科学是一个历史概念，科恩认为对科学的研究必须是“科学”概念出现之后的事情。否则就是一种辉格式的解释。由于“科学”产生于16～17世纪，因此科恩主要对16世纪以后的科学进行了研究。

由于历史语境的差异，“科学”在不同国家指称不同。在使用英语语言的国家里，science专指自然科学。法语的science也专指自然科学，而德文中的wissenschaft包括自然科学、社会科学和人文科学。显然，对科学的研究还应考虑区域性特征。也就是应对不同时期、不同区域“科学”的概念进行研究。

历史语境的变化也决定自然科学的划界问题是处于动态之中的。科学产生的早期，一些科学哲学家认为与自然科学相对应的是非科学，应关注科学与非科学的划界，逻辑实证主义者和波普尔等主要研究了二者的划界问题。19世纪中期，随着自然科学对社会科学影响的加剧，一些科学哲学家认为与自然科学相对应的是社会科学，应研究自然科学与社会科学的关系问题。在科恩看来，与自然科学相对应的是非自然科学，包括社会科学和人文科学。科恩在《相互作用：自然科学与社会科学》一书中主要研究了自然科学与社会科学的关系。他的一些论文和书评研究了自然科学与人文科学的关系问题。

显然，科恩在历史语境中研究科学本体，为解决科学的划界问题及探讨科学的本体问题提供了新的思路。

二、科学发展：在历史语境和科学语境中更替

科学的发展问题受到科学哲学家和科学史学家的共同关注。19世纪初，科学曾被认为是以“科学－真理”的进步模式，科学进步就是科学理论不断地转化为真理的过程。波普尔认为科学是通过不断否证，排除错误，提高理论的逼真度而不断进步。他的科学发展模式体现了“逻辑重建”特征，但远离了科学史。库恩将范式作为科学进步的主要工具，科学进步就是范式不断更替的过程。他强化了科学的革命性而弱化了科学的继承性；强化了科学家价值观念和社会心理因素，弱化了真理的客观性，从而滑向相对主义。劳丹认为，“科学本质上

是一种解题活动”[①]。科学进步体现为现存理论比前理论能够解决更多的问题，这是一种实用主义进步观，能够“解决问题”的理论也未必是进步的理论。“燃素说”“热质说”都能解释一些燃烧和热的现象，实际上它们是错误的，与客观真理相违背。显然，关于科学发展的问题这些科学哲学理论都存在一定的局限性。在科恩看来，科学发展是科学在历史语境和科学语境中的更替，表现为传统与进步的更替。

首先，从历史语境看，科学发展经历了观念的更替。科恩研究了 17 ～ 20 世纪科学观的更替过程。在科恩看来，17 世纪科学是黑暗艺术。18 世纪科学逐步与进步联系在一起。19 世纪科学被认为是万能的。20 世纪科学被认为存在潜在的危机。因此，科学发展首先表现为历史语境与科学语境中观念的更替过程。

其次，从科学语境看，科学发展是传统与进步的更替。一方面，传统是进步的基础。传统代表已经形成的认识或观念，进步代表科学在传统基础上渐进性或革命性发展。由于传统的稳固性，科学家发现新的思想和接受新的观念都很困难。因此，人们普遍认为传统阻碍了科学的进步。科恩认为传统对科学进步具有基础性作用。新的科学理论应展示它优于传统理论的重要证据。从结果看分两种情况：一是传统被新的发现所代替，比如日心说的发现证实了传统地心说的错误，从而代替了地心说；二是传统被新的发现所修正，比如水的成分是 H_2O，它是修正 HO 的结果。

另一方面，科学发展是不断修正或突破传统的过程。新理论能否被接受或转化成新的传统靠“新的思想比旧的思想更好地解释或说明更广泛领域的知识，解释新的现象，或者应用越来越少的简单的基本概念”[②]。在《科学中的革命》一书中，科恩在历史语境和科学语境研究的基础上分析了科学在传统与革命之间更替的历程。在科恩看来，科学革命的发生经过四个阶段，需要四个判据来证实。这四个阶段分别是思想革命、信仰革命、论著中的革命、科学中的革命。四个判据分别是目击者的证明、对据说发生过革命的那个学科以后的一些文献进行考察、有相当水平的历史学家的判断、今天这个领域从事研究的科学家们的总的看法。科学革命的发生过程是革命式进步对历史语境和科学语境中传统思想、信仰、论著、科学方面的变革。没有传统，革命失去变革的

① 劳丹．进步及其意义．刘新民译．北京：华夏出版社，1990：11.

② Cohen I B. Orthodoxy and scientific progress. Proceedings of the American Philosophical Society，1952，96（5）：505-512.

基础。当革命被四个判据证实已发生时革命转化成新的传统，“科学家开始相信论著中的理论或发现，并且开始以新的革命的方式从事他们自己的科学事业”[①]。从科恩的科学革命观可以看出，科学发展的确体现了历史与科学语境中传统与进步的更替。

概言之，科恩的科学发展模式建立在历史语境和科学语境分析的基础上，体现了历史与逻辑的统一性，科学观及传统与进步的更替性。科恩的科学发展模式明显优于“科学－真理”模式、证伪理论、“范式”理论等。根本原因在于科恩在历史语境和科学语境中研究科学发展模式，而后者多是逻辑的重建。因此，我们可以说离开历史语境和科学语境，科学发展模式将是不可靠的。

三、科学的认知价值：在历史语境和科学语境中影响相关科学

20 世纪 60 ～ 70 年代，科恩参与了科学与公共政治的研讨班，这导致他对自然科学提供给社会科学和其他科学的模式和概念产生了兴趣。他曾在《科学中的革命》、《相互作用：自然科学与社会科学》、《自然科学与社会科学：一些重要的和历史的观点》(*Natural Science and Social Science: A Critical and Historical Perspective*)、《科学与开国元勋：科学在杰斐逊、富兰克林、亚当斯与麦迪逊政治思想中的科学》中研究了自然科学与其他学科的关系问题。科恩发现，“过去三个世纪很少有著作说明社会科学家已尝试在很大程度上使用自然科学的概念、原理、理论和方法”[②]。社会科学对自然科学的影响也被忽视掉了，社会科学家和他们时代科学之间的相互关系也被忽视掉了。基于这些现象，科恩在历史语境和科学语境中研究了 17 ～ 20 世纪自然科学对相关科学的多元功能。

第一，从历史语境和科学语境看，自然科学对人文科学具有启示功能。科恩认为自然科学对人文科学具有启示功能，这体现在他的书评中。科恩在评价一本关于牛顿光学对 18 世纪诗歌的影响时指出：这本书对理解科学思想、18 世纪文学标准都很重要，“启蒙思想家是依靠牛顿光学或原理或两者需要进一步的考证”[③]。科恩希望将自然科学对人文科学的启示作用建立在历史证据基础上。

---

① 科恩．科学中的革命．鲁旭东等译．北京：商务印书馆，1999：40.

② Cohen I B. Interactions：Some Contacts Between the Natural Sciences and the Social Sciences. Cambridge：MIT Press，1994：XI.

③ Cohen I B. Reviewed work(s)：Newton demands the muse. Newton’s “opticks” and the eighteenth century poets by Marjorie Hope Nicolson. Isis，1947，38（1/2）：115-116.

1947 年科恩在评价一本关于庆祝耶鲁大学建立 250 年的书时指出："科学史是文化史和智力史的一部分。"[①] 科恩在评价另一本关于美国文学史的著作时也指出，科学史可以给任何历史一个新的方面，当然包括文学史。

第二，自然科学对社会科学具有示范功能。关于自然科学与社会科学的关系问题，许多科学史学者主要采用辉格式研究传统，比较和对照社会科学与今天物理和生物学研究方法的异同，而忽视社会科学家与他们时代科学之间的关系。科恩反对辉格式研究传统，他采用反辉格式研究风格，分析了 17 ～ 20 世纪自然科学对当时社会科学的示范功能。从主体看，自然科学对社会科学的示范功能主要是通过两个群体来实现的。一个群体是具有自然科学知识从事社会科学的学者通过隐喻、类比和同源关系，将自然科学原理、概念、方法引入到社会科学领域。代表人物为帕累托・费舍尔（Pareto Fisher）、佩利（Pelly）、凯特莱（Quetelet）、瓦尔拉（Walras）、亨利・凯利（Henry Carey）、雨果・格劳秀斯（Hugo Grotius）、霍布斯（Hobbes）、哈灵顿、杰斐逊、富兰克林、亚当斯、麦迪逊等。另一个群体是自然科学家将自然科学原理、概念、方法应用于社会科学领域。代表人物是哈维、莱布尼茨和配第。哈维在他的《心血运动论》（*On the Motion of the Heart and Blood in Animals*）中将生物的心脏类比于国王。国王就像动物的心脏，是国家的核心。莱布尼茨的目标是提供一个普遍科学，包括数学、物理学和社会科学，使数学应用于所有学科。配第精通数学和航海，获得医学学位，他通过类比解剖学与政治学，建立了以数学为基础的政治学和治国之道。科恩通过案例还研究了牛顿原理对美国建国之父杰斐逊、富兰克林、亚当斯、麦迪逊政治思想产生的示范作用。

自然科学对社会科学的示范功能直接来源于当时人们的认识水平。17 世纪以来，社会科学合法化的程度需要从自然科学寻求特征、概念、法则和一些理论。因为政治原因，在仿效自然科学的基础上，社会科学会得到公众更多的支持。但"20 世纪，社会科学家尽管还羡慕他们的主题像'科学'，但已不是具体科学的方法"[②]。这充分说明，17 世纪以来，社会科学越来越走向自组织化发展，本身的自主性、独立性越来越强。我们不可忽视自然科学曾经对社会科学的示

① Cohen I B. Reviewed work(s)：Benjamin Silliman, 1779-1864, Pathfinder in American science by John F. Fulton; Elizabeth H. Thomson The early work of Willard Gibbs in applied mechanics, comprising the text of his hitherto unpublished Ph.D. thesis and accounts of his mechanical inventions by Willard Gibbs; Lynde Phelps Wheeler; Everett Oyler Waters; Samuel William Dudley Yale Science. The first hundred years, 1701-1801 by Louis W. McKeehan. Isis，1947，38（1/2）：119.

② Cohen I B. The Natural Sciences and the Social Sciences：Some Critical and Historical Perspectives. Hague：Kluwer Academic Publishers，1994：72.

范作用，科学史学家的任务就是要发现存在这样的历程。

那么，自然科学与社会科学作用的机制如何呢？在科恩看来，17 世纪以来自然科学与社会科学的作用机制表现在隐喻、类比和同源的大量使用。隐喻体现价值的传递，清晰地表明了社会科学模仿自然科学是价值系统的转换。类比反映功能或关系和属性的相似。对于 17 世纪美国政治学的发展，霍布斯采用使其类比于物理学和生理学。类比并不是概念和方法的简单和明显的转换，而是从一个领域向另一个领域转换的过程中，这些概念和方法在被认可的科学中充当支柱和灵魂。同源来源于生物学，"指部分结构的一致性或具有共同祖先产生不同有机体器官结构的一致性"①。同源体现结构的同一性。但是，在科恩看来，"自然科学对社会科学的影响并不能保证任何一门社会科学的合法性或有用性"②。关键看社会科学是否具有像物理学或生物学这样学科问题的独立性、完整性、内在逻辑性和结论的可检验性。

第三，科恩通过历史事实说明自然科学对技术科学具有先导功能。本杰明·富兰克林是18世纪美国的实业家、科学家、社会活动家、思想家和外交家。他在电学上成就显著，创造了许多如正电、负电、导电体、充电、放电等世界通用的词汇。牛顿多次尝试产生一个数学的光学科学，终究失败。但他的《光学》的实验风格对 18 世纪技术科学起到了先导作用。科恩在研究富兰克林电学的过程中，发现"富兰克林的科学研究包括了对牛顿思想、原理的仔细和深刻的研究"③。可以说，牛顿的光学使他成为巨人，正是牛顿的实验光学使富兰克林在实验基础上取得了一系列发明，促进了电学的产生。

第四，科恩还研究了社会科学对自然科学的借鉴功能。在科恩看来，马尔萨斯的人口增长论、韦伯（S. Weber）的农学思想、亚当·斯密的劳动分配理论都对 19 世纪达尔文的进化论产生了重要影响。比利时近代统计学之父阿道夫·凯特勒（Adolphe Queteiet）的社会统计理论对麦克斯韦和玻尔兹曼的物理学产生了重要影响。科恩在对科学革命研究的过程中发现政治革命对科学革命的影响。"革命"概念来源于 18 世纪的政治革命，表示巨大的变革。19 世纪后期，由于受达尔文生物进化论思想和政治革命消极方面的影响，人们反感或厌恶"革命"，更多地愿意使用进化而不是革命。这也表明政治科学对自然科学有

① Cohen I B. Interactions：Some Contacts Between the Natural Sciences and the Social Sciences. Cambridge：MIT Press，1994：16.

② Cohen I B.Interactions：Some Contacts Between the Natural Sciences and the Social Sciences. Cambridge：MIT Press，1994：6.

③ Cohen I B. Benjamin Franklin's Science. Cambridge：Harvard University Press，1990：14.

一定的影响。

四、科学的社会价值：在历史语境和社会语境中变革社会

20 世纪以来，科学与社会的关系越来越密切，科学研究的经费需要国家或社会的支持，社会问题的复杂化使科学与社会进一步走向一体化。科学如何实现社会化成为科学史研究的重要领域。1931 年黑森的《牛顿原理的社会经济根源》开创了科学史的社会语境研究，其后贝尔纳和默顿进一步从社会语境中研究了科学的社会功能、科学技术与社会的关系问题。科恩关于科学与社会方面的专论还是比较多的，涉及科学与社会组织、科学革命与工业革命、科学与战争、科学与民众等方面的专题，主要研究了当代科学的社会价值。

首先，从历史语境和社会语境看，科学对社会具有变革功能。科恩在对科学革命进行研究时，发现“与之相伴而来的，还有一场组织机构中的革命”[①]。科恩认为自 17 世纪以来，发生过四次组织机构中的革命，分别是科学共同体的出现、科学专业和机构的剧增、大学的出现、政府的巨额支出和有组织的研究。但是，科恩反对武断地认为四次组织机构革命和四次观念革命的同时性，这需要通过考证才能确定。科恩还研究了科学革命与工业革命的关系问题。科恩发现，科学革命与产业革命或工业革命并不存在完全的因果关系。“在英国，工业革命所依靠的与其说是科学的应用，不如说是技术和机械的独创性。”[②] 比如 19 世纪的法国，应用科学和专门技术知识在工业革命中具有决定性作用。

其次，从历史语境和社会语境看，科学影响战争。科恩 1937 年攻读博士学位，由于战争的原因在 1947 年才取得博士学位。他目睹了科学在战争中被应用的现实。因此，科学与战争究竟是如何作用在一起的，不同群体应承担什么责任，显然是一个很重要的问题。一方面，科恩曾研究了美国革命、美国内战和一战期间，美国物理学家通过从事管理职务和政府事务或政府顾问，呈现科学对战争的影响；另一方面，战争影响科学。战争期间，个人努力与国家命运联系在一起，美国科学家承担服务于战争的职责，科学家与政府的联系很紧密。

最后，从历史语境和社会语境看，科学对民众具有变革功能。18 世纪已出现将科学解释给民众的努力，人们对科学的信任成为至高无上的。随着大科学时代的到来，科学研究越来越成为国家和社会的事情。这样一来，需要让民众

---

① 科恩．科学中的革命．鲁旭东等译．北京：商务印书馆，1998：116.
② 科恩．科学中的革命．鲁旭东等译．北京：商务印书馆，1998：324.

理解科学。所以，科恩进一步研究了自然科学对民众的变革功能。科恩在《科学与人类的仆人：科学时代门外汉的入门书》一书中，通过案例让民众理解科学研究环境的重要性和科学研究的实际应用。1952 年科恩和弗莱彻（Fletcher）出版了《科学的通识教育》一书，目的是培养非自然科学专业大学生的科学兴趣，使他们理解科学，呈现科学活动的人类价值。所以，在科恩看来，科学的社会化进程的加速，自然科学与人文、社会科学的融合，客观上需要通过科学史教育变革民众和非自然科学专业的大学生的传统观念，使他们了解科学，认识科学。

五、科恩科学编史思想的语境论特征

科恩科学编史思想体现了语境论特征，必然受他的科学观和科学史观的影响。总的来说，科恩科学编史思想的语境论具有以下五个方面的特征。

一是逻辑与历史的统一性。科恩的科学编史思想体现了他在历史、科学和社会语境研究基础上对科学本体、科学发展和科学价值最基本问题的看法，实现了逻辑与历史的统一。

二是科学史与科学哲学的融合性。科恩在科学史研究基础上形成了他的科学观和科学史观，使他的科学观不空洞，科学史观不盲目，是实现科学哲学与科学史有机融合的典范。

三是科学发展的广义语境性。莱欣巴哈指出：实体的存在是在相互关联中表达的。相互关联性体现为实体与相关要素的语境特征。科恩不仅被认为是多产的美国科学史学家，而且被认为是综合性的，原因在于他将科学放入广义的语境中研究自然科学、自然科学与社会科学和人文科学、自然科学与社会的相互关系。

四是科学史研究的实证性。科恩的科学观建立在历史证据基础上。历史证据包括科学家笔记、科学著作、访谈录、实验数据、著名科学史学家的看法等。只有对历史事实进行梳理，才可能得出客观的科学观。

五是研究方法的多元性。科恩在研究过程中采用了概念分析法、证据法、编目法等。科恩通过概念分析法考证了科学、社会科学在不同语言、文化背景下含义变化的历程，考证了“革命”概念的演变历程等。通过四个方面的证据研究科学革命的发生历程。例如，对牛顿、富兰克林等人物科学思想的研究，科恩采用了大量的编目法，尽量保障原始材料的全面性、可靠性和完整性。

第五章 科恩的科学编史方法

科恩作为20世纪杰出的科学史学家，他的科学史研究方法集中体现了对前人研究方法的继承与超越。他的科学编史方法贯穿于他的科学史著作、论文和书评中。对他科学史研究方法的梳理有助于展示20世纪科学史研究方法的进程。

第一节 综合编目引证法

科恩是萨顿的学生、柯瓦雷进行牛顿《原理》研究的合作者，他们的科学史研究方法对科恩产生了重要影响。主要表现在科恩对他们研究方法的继承与改造方面，并在此基础上提出了他自己的方法。

一、对萨顿编目法和引证原始材料法的继承性

萨顿一贯认为，从文献资料研究入手是科学史研究的基本程序和方法。科恩作为萨顿的学生，继承了他的文献编目方法。科恩将文献编目方法广泛用于他对牛顿、富兰克林等人物研究、书评及*Isis*编辑中。科恩在对牛顿手稿、著作进行编目时，发现人们对牛顿研究是不全面的，有些主要编辑牛顿科学方面的结论，有些对牛顿史料论及很少。鉴于上述原因，科恩通过文献编目方法和考证方法相结合，开始与柯瓦雷合作致力于对牛顿手稿的编辑工作。他在对牛顿《原理》手稿进行查阅，以及对《原理》一版、二版、三版进行比较分析时发现牛顿的科学成就在科学史上是一场“革命”，而不仅仅是一种“综合”。他独立编辑牛顿《原理》一书的文献目录，并出版了《关于牛顿原理》的英文版翻译及《牛顿革命》等著作。关于富兰克林人们对他的认识也存在一些误解，似乎

富兰克林首先是政治家，而后才是科学家。科恩通过对富兰克林的编目考证发现：富兰克林出名首先是因为他作为科学家，第二方面是因为爱学习，第三方面是因为他是一位有才能的人，第四方面是因为他是一个政治家和外交家。因此，文献编目法成为科恩研究科学史的基础和条件。

引证原始材料法是萨顿在科学史研究与写作过程中很具特色的方法。“大量引证别人或自己的观点或研究成果几乎成了他写作的一个习惯。”①萨顿作为科学史的创始人，坚持对科学史进行历史分析，还科学事件真实的历史面目。他认为“仅从我们现在更为先进的观点判断其真伪程度是不够的，我们还必须知道它的背景，人们认为它有多少是真实的，在当时的科学环境下，其真实或可能真实的程度有多大，有多少新的内容，它来自何处，有什么影响”②。

科恩在他的著作、论文和书评中大量使用该方法。科恩在引证基础上对牛顿科学成就进行解释与说明，专门出了一本关于牛顿原理的解释的著作。科恩在对富兰克林研究时也广泛采用该方法。科恩在对富兰克林书信、同时代人对他的评论等引证基础上考证了他的岗亭实验、风筝实验、闪电棒实验等发生的时间，以及这些实验在电学中的地位。科恩采用该方法还体现在他对 *Isis* 编辑及书评中。科恩在任 *Isis* 编辑期间，发现对于文献的引证不能只注明引用文献的作者名字，而应包括全面系统的内容，否则难于发现作者对文献的偏见。科恩在书评中发现很多人的科学史著作没有包括比较全面的引证。科恩在对一本书的评价中指出：“不幸的是，这本书由很多没有联系的信息组成，没有包括 *Isis* 及其他科学史杂志已发表相关论文的信息。”③在科恩看来，对某一专题信息的完整收集是很重要的。

科恩对于科学革命发生的分析以历史记录为依据。科恩反对脱离历史事实的研究方法，认为应还原当时的历史情况，而不是为了迎合现代人的需要改变历史。这体现了科恩科学史研究的风格。

二、科恩的综合编目引证法

由于萨顿的编目法和引证原始材料法存在一些不足，科恩在此基础上提出了他的综合编目引证法。

---

① 魏屹东．爱西斯与科学史．北京：中国科学技术出版社，1997：52.

② 魏屹东．爱西斯与科学史．北京：中国科学技术出版社，1997：50.

③ Cohen I B. Reviewed work(s)：The Winthrop family in America by Lawrence Shaw Mayo. Isis，1950，41（1）：128.

（一）萨顿编目法与引证原始材料法的缺陷

首先，萨顿强调文献编目，但对文献编目缺乏系统的考证，也就是说它的真实性是值得怀疑的。有些历史材料本身可能就不是对客观事实的真实反映。

其次，萨顿的文献编目局限于已有资料的整理，使科学史处于静态之中。似乎过去的历史也就这样。忽视了科学史发展的动态性，每一次新资料的发掘都可能引起科学史研究的重大变化。这样一来，萨顿的文献编目法就可能使科学史建立在片面的、静态的分析基础之上，无法真实地还原历史和分析历史。

最后，萨顿的引证原始材料法是对间接材料的引用。这也使科学史研究的客观性无法保证，同时还缺乏对教材的考证分析。

（二）科恩的综合编目引证法

科恩在继承萨顿文献编目法和引证原始材料的基础上，提出了他自己的综合编目引证法。首先，他的编目内容不仅包括已有的资料，而且包括新发掘的资料，如私人信件、谈话内容、实验资料等。其次，对于各种资料的真实性进行考证分析，尽量做到还原历史、记录历史和分析历史。再次，科恩重视对直接材料的引用。最后，体现在他对教科书的综合编目。

科恩在继承编目法的同时还对收集的内容进行了一些改进。萨顿重视对已存于图书馆、档案馆的文物资料的收集与整理，并对它们进行从外表到内容的考证。但是，萨顿更重视从宏观角度研究科学史。因此，萨顿的文献编目方法，主要是对现有资料的使用以服务于他的整体结构。而科恩是这一方法的直接使用者与改造者，他更善于从微观方面在对材料考证基础上进行编目。在科恩看来，书信、零散的讲演、没有出版的材料是科学史学家需要考证的重要编目内容。

科恩更注重对原始材料的直接引证，在他看来直接引证比说明更重要。他认为原始材料的正确性比后来对其说明或解释的合理性更重要。科恩在对一本关于卢瑟福的书评中指出：对于卢瑟福的信和他的著作的引证是很重要的，“这使读者感觉到看书就像看卢瑟福本人一样”[①]。说明科恩重视对原料材料的引证。科恩在评价一本关于富兰克林的书中指出：没有增加一些引证，仅仅增加了一些叙述，结果造成误导。

---

① Cohen I B. Review：Rutherford（1871-1937），being the life and letters of the Rt. Hon，lord Rutherford，O.M. by A.S. Eve，1939. Isis，1940，32（2）：372.

萨顿在教学过程中没有固定的教材。20世纪40年代，科恩在萨顿研究的基础上改造了教科书的编目方法。如果出版书目中包括所有教科书的目录，它的用途将被加强，特别是对一些研究不同问题的人来讲有很大的兴趣。从编目内容来看，除了包括关于书本身和作者的资料外，还应包括一些同书内容相关的作者与其他人的通信内容，获得一些相关的信息；同时还应包括该书在学校或大学、学院被使用的情况；对于一本教科书所有版本的目录应体现出来，不但反映出该书受欢迎的程度，而且对这些版本的综合研究可以被揭示出来；对于不同版本的介绍应包括不同版本的数量、页数、纸张的开数，作者完整的名字及在哪儿能获得该书；读者可通过编目拿到他想要的书。这是科恩对于教科书编目内容的重大创新。

三、科恩对综合编目引证法的应用

科恩不仅改进了编目方法，而且还将综合编目引证考证法应用于他的研究之中。

（一）科恩对牛顿的综合编目引证研究

科恩主要是对1727～1977年的牛顿原理进行编目研究。牛顿去世后有人出版了关于他的著作，后他的侄子、朋友出版了关于他的回忆录。再者就是牛顿去世50、100、200年后一些人对他的研究。通过对牛顿编目的研究，科恩发现人们对牛顿的研究资料比较零乱，对牛顿引起革命的研究远远不够。这也成为科恩研究牛顿最重要的原因之一。1957年科恩与柯瓦雷合作，准备出版一本集注版的牛顿《原理》，不仅包括已出版的三版，而且包括最初的手稿及牛顿在他复本中所做的大容量的改进和注释。1964年柯瓦雷去世后，在科恩助手安娜·惠特曼（Anna Whitman）的帮助下，1972年900页的集注版出版，1973年380页的《对牛顿原理的介绍》出版。

（二）科恩对富兰克林的综合编目引证研究

富兰克林作为18世纪的主要科学家，他提倡光的波动说。一些作者认为富兰克林是异端邪说者，信仰将来似乎是无知的热情，这种描述法会使人产生误解。科恩在评价一本关于电学的趣闻史时，发现这本书介绍了富兰克林之前的材料，增加了一些实验数据，并分析了富兰克林的贡献，展示了现代电学科学的发展。但是，存在一个很明显的问题就是对历史解说没有鉴定。也就是说对于历史解说需要通过引证原始材料，以保证解说的客观性，否则可能存在歪曲历史的情况。科恩认为直接引证法很重要，间接叙述可能产生一些误解。他通过引证或脚注来说明材料的正确与否，在他的论述中广泛使用脚注和括号，这是他解释与说明的基础和条件。科恩还区别作者注释和科学家本人注释的区别。

科恩通过编目方法对牛顿和富兰克林研究时，不断挖掘新材料，如对他们的书信、讲演稿、没有出版的实验报告等进行整理，以加强编目内容的全面性。科恩在对 1717 年出版的第二个英文版的牛顿原理进行研究时发现："这本书很多空间致力于牛顿在力学和数学方面的贡献，没有说明关于光学版本的情况。还有一个遗憾是没有索引和内容表，以方便学者使用该书。"①这些发现为科恩研究牛顿提供了方向。

（三）科恩对科学革命的编目引证研究

20 世纪 50 年代起，科恩开始研究科学革命，他通过编目法收集了 17 世纪以来，关于科学革命的论文、著名、书评、书信、谈话等资料，并对这些资料根据主题、断代、国别等进行分类整理。在编目的过程中，科恩发现人们对科学革命的研究存在很多问题，有些是歪曲历史的，有些是不全面的，有些是主观判断的，有些是辉格式的等。他的《科学中的革命》包括大量的补充材料和注释，这些来源于他对科学革命的编目研究。

（四）科恩对自然科学与社会科学关系的编目引证研究

科恩研究自然科学与社会科学的关系问题，希望增加社会科学在逻辑、哲学、自然科学方面一些必要的观点。在进行编目以前，科恩原以为社会科学历史方面的很多著述对他的研究目标将是有用的。但他在进行编目时发现："很少有著述说明过去三个世纪社会科学家已尝试在很大程度上使用自然科学的概念、原理、理论和方法。另外，社会科学对自然科学的影响也被忽视掉。"②通过编目，科恩确定了他研究自然科学与社会科学的关系应集中于两个方面：一是研究同时代自然科学与社会科学的关系问题；二是侧重研究二者之间的互动关系。

---

① Cohen I B. Reviewed work(s)：Traite d'optique by Isaac Newton. Isis，1956，47（4）：449.

② Cohen I B. Interactions：Some Contacts Between the Natural Sciences and the Social Sciences. Cambridge：MIT Press，1994：50.

四、科恩综合编目引证法的特征

科恩作为萨顿的学生、*Isis* 的编辑，曾对 *Isis*、教科书的编目方法进行了改进。他的科学编目风格最主要的就是将他的编目方法应用于他的科学史研究之中。科恩对富兰克林、牛顿、艾肯、自然科学与社会科学的关系问题等研究时都使用了编目方法。科恩不仅是一位改进者，而且是一位实践者。综合编目引证法成为科恩研究科学史的一种习惯，并体现了一些特征。

第一，实现了资料归类，避免重复性工作。科恩在对牛顿和富兰克林研究的基础上，将相关资料进行编目，使后来研究者根据编目寻求他们想要的资料，避免了重复性工作。科学史作为史学的一部分，对资料的归整是很重要的基础工作。

第二，为科学史的进一步研究提供方向。科恩在对主题进行编目时发现了很多问题，这也为他以后的研究打下了基础。例如，科恩在对富兰克林进行编目研究时，发现很多人都研究富兰克林作为政治家，而不是科学家，存在对富兰克林的误解，这也成为他以后研究的主要内容之一。

第三，保证资料的连续性。编目方法不仅具有整理资料的功能，而且还可以保证资料的连续性。科学史作为一个开放的系统，当发掘出新资料时，需要及时地补充到编目中，做到编目的连续性，使科学史研究处于动态的运动之中。科恩对富兰克林、美国科学史教育等主题都进行了再版，原因就是新材料不断地被发掘出来，对它的编目和研究当然也是处于动态之中。因此，再版过程体现了编目连续性发展的过程。

第四，坚持文献和索引的完整性。作为科学史学家科恩很重视完整的索引。而索引的完整性来源于对资料编目的完整性。编目可以使读者了解信息的来源。科恩在他的很多书评中，强调编目完整性对文献和索引完整性的重要性。例如，科恩在评价沃尔夫写的著作《18 世纪科学、技术与哲学史》（1940 年）时指出，完整的索引和极好的印刷使这本书成为极有魅力的科学史著作。

第五，为论著的脚注和评论提供基础。科恩在研究富兰克林、牛顿、科学革命等主题时，包括了大量的脚注和评论。在科恩看来，这些材料是研究主题不可缺少的，而这些材料来源于编目整理。因此，编目方法成为科恩科学史研究的最主要、最基本的风格之一，对于今天科学史研究具有重要的方法论意义。

总之，综合编目引证法已成为科恩科学史研究最主要和最基本的方法。科恩在编目引证的基础上对牛顿、富兰克林、科学革命等进行研究时，考证相关材料的真实性，梳理出研究的方向，并为脚注和评论提供了基础性的资料。

第二节　四判据证据法

科恩作为综合史大师，他很重视证据的收集与应用。他的证据法集中体现在他的《科学中的革命》一书中提出的四个判据，他的四个判据体现了辉格式与反辉格式传统的统一，而且在他其后的论著中也应用到证据法。

一、科恩四判据证据法内涵

柯瓦雷作为内史大师，坚持反辉格式的研究传统。柯瓦雷对伽利略、笛卡儿等的研究都坚持了这一传统。而且“柯瓦雷很明显的科学史方法是靠近讨论的主题”①。他避免一些学者的姿态，而是对过去的科学家进行等级分类。

科恩继承了柯瓦雷的反辉格式研究传统，他主要是通过证据法来实现的。在科恩看来，可以作为历史证据的材料主要包括出版和没有出版的书信、实验报告，同时代科学家、社会学家的评论，科学家自述，当代科学家和科学史学家的评论等。

科恩通过证据分析法研究了牛顿、富兰克林的科学成就及其影响并构建判断科学革命发生的证据。科恩在牛顿《原理》及相关证据的基础上概括了“牛顿风格”。科恩对牛顿的研究还发现：“对于牛顿力学来讲，他是站在巨人的肩上，但是对于他的光学来讲，他是一个巨人，别人站在他的肩上。”②科恩在《科学中的革命》中概括出科学革命发生的四个判据，第一个判据为目击者的证明，即当时的科学家和非科学家们的判断；第二个判据是对据说发生过革命的那个学科以后的一些文献进行考察；第三个判据是有相当水平的历史学家，特别是科学史学家和哲学史学家们的判断；第四个判据为今天这个领域从事研究的科学家们的总的看法。这些都是以历史证据作为依据的。

① Clagett M, Cohen I B. Alexandre Koyré（1892-1964）commemoration. Isis，1966，57（2）：160.

② Cohen I B. Reviewed work(s)：Newton demands the muse. Newton's “opticks” and the eighteenth century poets by Marjorie Hope Nicohen. Isis，1947，38（1/2）：116.

二、科恩四判据证据法的特征

由于科学史学科本身发展的语境性特征，科学史分析处于历史与现实选择之中。目前对于科学史研究存在辉格式与反辉格式两种路径。前者主要用现在的观点、方法研究过去的科学史，常常出现这样的问题，即根据现代的需要强化过去科学史某方面的研究，而缩小不利于现代发展的科学史某方面的研究，使科学史处于分离的状态。这种基于现代社会需要的科学史研究风格不能客观反映科学发展的历程，因此受到人们的批评。反辉格式研究方法侧重客观地和历史地复原科学史，也就是说要根据科学本身的客观发展过程解释科学史。库恩认为“仅仅从现在的角度去看待过去科学家的观点，那可能将无法真正理解过去的历史”[①]。他希望回到历史语境中研究科学史。科恩认为应实现二者的统一，即通过证据法实现辉格式和反辉格式的辩证统一。科恩的四判据证据法实现了辉格式与反辉格式研究传统的统一，历史性与逻辑性的统一。

首先，科恩通过证据法继承了柯瓦雷反辉格式的研究传统。这种思想反映在科恩对查尔斯·默顿的研究中。查尔斯·默顿武断地将他所掌握的关于 17 世纪的间接材料放入亚里士多德范畴，并且忽视了 17 世纪牛顿等人已证明光速是有限的等科学发现，但他并没有将当时新的发现融入他的系统中。科恩评论说：“他（默顿）强调系统而不是发现，是系统审美特质，而不是科学发现本质。”[②]科恩认为我们判断自然科学对社会科学的成就不应局限于今天的概念和标准，我们应根据他们时代的标准来判断。所以，科恩反对辉格式的研究传统。

科恩认为当代科学史学家对过去科学进行研究时，应尽量还科学的历史面目，特别是应尽量还原科学在当时当地语境中发展的历程。但是，对于当代的科学史学家来讲，当代的科学史研究方法、研究工具等都会影响他们对科学史的研究。一方面，这为分析和解释过去的科学史提供了新的方法和视角；另一方面，容易产生功利性的价值取向。科恩认为避免这种困境的最好方法就是采用基于广义语境的证据法。通过与科学事实紧密相关的直接证据、间接证据来分析科学史。科学革命作为科学发展的重要特征，历史中很多科学史学家都研究了科学革命，但多数研究了成功的科学革命，并没有分析失败的科学革命发生的原因。科恩在《科学中的革命》中广泛使用证据方法，概括出科学革命发生的四个判据。不仅分析了 16 ～ 20 世纪成功的科学革命发生的过程，而且分

① 王云霞，李建珊．试论库恩科学史观．北京理工大学学报（社会科学版），2007，9（2）：92-95.

② Cohen I B.The compendium physicae of Charles Morton（1627-1698）. Isis，1942，33（6）：657.

析了失败的科学革命发生的机理，尽量还科学发展本来面目，做到反辉格式研究。因此，“对科学思想史达到更好理解的途径是站在当时当地的语境中去考察不同时期的科学，而决不要将它们看作是现在科学的绊脚石”①。

其次，科恩通过证据法体现了辉格式的特征。他在《科学中的革命》中将今天这个领域从事研究的科学家们的总的看法作为科学革命发生的第四个判据，体现了当代科学家对过去发生的科学革命评价的影响，显然体现了辉格式的研究风格。对于当代的科学史学家来讲，他们对历史的分析离不开当代社会的价值。科恩在广义语境的基础上，实现了科学革命发生判据的历时性与共时性的统一，在辉格式和反辉格式研究风格之间保持了“必要的张力”，但二者的地位是不同的，反辉格式研究风格处于基础地位，辉格式研究传统处于补充地位。

最后，实现了历史与逻辑的统一。科学史作为科学与历史相交叉的学科，既具有对历史材料进行记录的功能，又具有对历史材料进行逻辑分析的必要。一些科学史学家侧重对科学史进行历史分析，并在历史分析的基础上解释科学思想的进步。例如，萨顿认为，“我们的主要目标不是简单地记录孤立的发现，而是解释科学思想的进步和人类觉悟的逐步发展，理解并扩展我们在宇宙进化中的职责地位”②。否则科学史就成为材料堆积、混乱的历史。而另一些科学史学家从逻辑语境角度研究科学史，如柯瓦雷采用概念分析法，在逻辑语境中分析了著名科学家促进科学概念变革的历程。其实，科学史不仅是历史，而且应体现科学发展的一定的逻辑关系。在《科学革命的结构》中库恩在对科学革命发生的历史语境分析的基础上，概括出科学革命发生的逻辑关系，即科学革命发生经过前科学时期—常规科学时期—反常与危机—科学革命四个阶段，实现了科学史研究的历史语境与逻辑语境的统一。忽视逻辑语境，科学史会成为材料堆积的历史；忽视历史语境，科学史会成为空洞的逻辑。

科恩坚持了逻辑与历史的统一，他将历史语境作为逻辑语境的基础和条件，将逻辑语境作为历史语境的升华。科恩在对 16 ～ 20 世纪科学革命相关的实验材料、论文、著作、评论等历史材料研究的基础上，提出了科学革命发生的四个阶段和四个判据，实现了历史语境与逻辑语境的统一。逻辑标准是否正确可根据它与历史事实的吻合度来判断。科恩根据他的逻辑标准与历史证据，证明哈维的生命科学，牛顿的经典力学体系，达尔文的生物进化论，拉瓦锡的氧化

---

① Cohen I B. Wes Sharrock and Rupert Read，Kuhn：Philosopher of Scientific Revolution. Malden：Blackwell Publishers Inc.，2002：8-9.

② 萨顿 . 科学的历史研究 . 刘兵等编译 . 北京：科学出版社，1990：149.

学说，法拉第、麦克斯韦和赫兹的经典电磁理论，赖尔的地质演化理论，爱因斯坦的相对论等是16世纪以来发生的重大科学革命，逻辑标准为分析不同时代的科学革命提供了统一的依据。

科恩提出的四个判据作为科学革命发生的证据，建立在对四个世纪以来科学革命考察的基础上。这样使科学史研究的材料不仅可以作为直接证据，而且可以作为判据，扩展了证据的功能，突现了科学史研究中历史与逻辑的统一。库恩只是提出科学革命的逻辑过程，即范式的转换，并没有在逻辑基础上提出科学革命发生的历史判据。科恩通过四个判据证据法，不仅坚持了逻辑性，更体现了科学革命发生的历史现实性。

三、科恩四判据证据法的扩展与应用

科恩将四判据证据法的精髓进行扩展，也就是说在他的论著里都使用了证据法。

1950年科恩写的《美国科学的早期工具》一书，通过对1764～1825年这一时期美国科学仪器背景材料的介绍说明了科学与仪器、科学与文化之间的关系，为他以证据分析法研究科学史奠定了基础。科恩坚持认为科学史是在尊重历史事实基础上的历史，是对历史负责的材料，是人类的财富，而不是一个人的事情。因此，作为判断历史事实或材料正确程度的证据很重要。而一些科学史学家忽视历史证据，这不仅对科学史研究没有一点好处，而且会产生误解。因此，对科学史的正确认识直接来源于证据的支持程度。

科恩还通过证据分析法研究了国家对基础研究支持的重要性、科学对政治产生的重要影响。1948年科恩在《科学与人类的仆人：科学时代门外汉的入门书》中通过证据分析法研究了科学家的经历及思想发展历程，并说明这些想法对美国科学产生的影响及服务于人类的情况，使纳税人知道科学研究的方向和去向。

科恩在1995年《科学与开国元勋：杰斐逊、富兰克林、亚当斯与麦迪逊政治思想中的科学》中通过证据说明了牛顿科学对美国第二任、第三任、第四任总统约翰·亚当斯、托马斯·杰斐逊、托马斯·麦迪逊及电学家本杰明·富兰克林政治方面的影响，他的证据来源于科学家同代人谈话的内容。世俗世界中的科学理论和实验方面的资料使18世纪后期美国政治焕发了活力。建国之父们将物理学和生命科学的概念、原理、法则应用于政治。科恩通过证据展示了牛顿的演绎推理在杰斐逊的著作和《独立宣言》中的应用，即在科学和政治思想方面建立一些具有公理性质的原理。富兰克林展示了实验或合理观察在美国政治思想中普遍存在的特殊意义。当共和政府成立时，这些成果强有力地刺激了殖民地领导者抛弃旧传统的纱帽。

科恩的四判据证据法坚持了历史语境与理论逻辑相结合，科学性与历史性相结合，为科学史研究提供了新的研究方法，对科学哲学和历史哲学的研究将产生重要影响。

第三节　语境整合法

科恩不仅提出了自己独特的综合编目引证法和四判据证据法，而且在历史、社会和科学语境中修正了柯瓦雷的概念分析法。在语境中，通过微观与宏观整合法，实现了历时性与共时性的统一。在语境中，通过再版补充法，体现了科学史研究主题的时代性特征。

一、基于语境的概念分析法

柯瓦雷在 1937 年开始使用概念分析方法研究伽利略。1957 年科恩与柯瓦雷合作研究牛顿。柯瓦雷的概念分析方法影响了科恩。20 世纪 80 年代科恩在《牛顿革命》《科学中的革命》中通过概念分析方法研究了科学革命的转变过程。“变革的概念在某种程度上只是所有思想史家，特别是科学思想史家的实践的明确系统的阐述。然而要使科学思想的变革明晰化，就要将注意力集中于一个科学家的概念、理论、方法、实验甚至定律被另一个科学家所运用的方式的创造性方面。”①

科恩扩展了柯瓦雷将概念分析法只应用于内史研究的风格。科恩在更广泛的历史、科学与社会语境中使用概念分析法。采用基于语境的概念方法分析了两种情况：一种是对一些概念本身的分析说明科学发展的一些特征，如对革命、综合等概念的分析说明科学发展的一些特征。科恩通过对革命概念词源、涵义变化的考证，认为 18 世纪革命已有两种涵义：一种是循环和复归或一种重复；另一种是打断连续性或每过一定时期的真正重大的一个变化。1789 年后“革命”

① 科恩．牛顿革命．颜锋，弓鸿午，欧阳光明译．南昌：江西教育出版社，1999：179.

一般指一种根本的变化和对传统的或被承认了的思维模式、信仰、行动、社会行为，或政治的、社会的组织的背离。革命在牛顿时代已是根本性质的改变，并且第一次被用于牛顿一本关于微积分的数学著作中，科恩认为牛顿在他的时代引起了一场革命。而同时也否定了一些人将哥白尼、笛卡儿、伽利略冠以革命称号的看法，因为在他们的时代，革命还是指循环与复归，不是指重大变革。从牛顿时代起，牛顿的伟大成就被表述为“革命的”，然而，在很多文献中将牛顿的成就归结为“综合”，如柯瓦雷在他的《牛顿综合的意义》(*The Significance of Newtonian Generalization*)中认为牛顿在物理学的成就可概括为“综合”。科恩通过对“综合”词源及概念的分析认为：“综合”这个词是从 composition 派生出来的，表示“将各部分或各要素装配成一个复杂的整体”；另一含义表示用独创和技巧把一些东西结合在一起，这些东西可以是从来没有以整体出现过，也可以是迄今仅仅是天然产生的。科恩认为，“牛顿综合”这种提法不能客观反映牛顿的成就。在科恩看来，仅仅只有综合而没有变革的想法暗指一种在非常低的水平上进行的创造性活动。而牛顿对物理学的贡献更是一种变革，而不仅仅是综合。

另一种情况是通过概念分析法研究了科学概念在不同科学家之间的移植与创新过程，在微观层次上分析了科学思想的变革过程，这也是科恩科学思想史研究的主要风格。科恩分析了达尔文在阅读马尔萨斯著作过程中，怎样将赖尔物种间生存竞争变革为个体之间的竞争。达尔文将马尔萨斯关于人口增长的思想运用到组成一个物种的所有变化的个体之间的生存竞争中，因而铺设了通向达尔文自然选择的大道。科恩同时分析了本杰明·富兰克林关于稀薄、有弹性的电流体在试图解释一系列实验现象的过程中，怎样从牛顿的以太或以太媒质变革而来。科恩还分析了牛顿将冲力变为持续作用力及牛顿运动定律公式表达的变革过程。在牛顿时代，力的主要含义就是一个物体撞击另一物体或被另一物体撞击时所产生的冲击作用或瞬间作用。牛顿将冲力变为持续作用力的变革，使牛顿证明了在惯性运动物体上的向心力的作用，代表了从碰撞或冲击的物理学思想到像吸引力那样作用的力的物理学的变革。牛顿运动定律是一系列变革的结果。这个变革起源于牛顿对碰撞的特殊撞力的早期思考，最终以得到一个具有高度独创和高度抽象的定律而结束，这在牛顿万有引力的概念变革中起到了相当重要的作用。

二、基于语境的历时和共时整合法

过去对科学史的研究，主要以历时和共时两种路径进行研究。“历时分析着重‘历史语境’的变迁对科学的影响。”[①]但是，科学发展过程是历时性与共时性的辩证统一，无法将二者分开，显然将二者分开的研究方法，不能客观反映科学发展的过程。但是语境分析方法体现了历时性与共时性的统一，它不管是历时性因素还是共时性因素，只要是科学发展过程中的语境因素，我们就得分析和研究。

科恩在分析科学革命发生的判据时，通过广义语境实现了历时性和共时性的统一，反映了科学发展的客观过程。该方法体现了历时共时研究与微观宏观系统整合的特征。科恩在历时共时分析的基础上，通过微观宏观系统整合构建了科学革命发生的判据。科恩认为对于一系列变革的科学变化从其他方面、其他时期的科学中引出来是很必要的，有助于我们理解构成科学思想上伟大革命的整体的每一细节和每一步骤。微观宏观系统整合是科恩科学史研究的一个重要指导思想。

他在广义语境基础上应用历时与共时整合法，研究了17世纪科学发展与早期科学的不同，认为17世纪产生了新科学。他还通过该方法研究了牛顿科学在当时的地位，认为牛顿由于微积分的发现引起了一场数学革命，牛顿《原理》开创了物理科学的一场革命。而牛顿在化学、物质理论、物质观、光学方面取得的成就，虽然促进了这些学科的发展，但并不能冠以“革命”称号。科恩还在对牛顿微观研究基础上从宏观角度考证了牛顿科学对物理学、实验科学、政治学产生的重要影响，为我们研究科学史提供了一种模式，即在对研究对象微观分析的基础上研究它在宏观层次产生的影响及特征。

三、基于语境的再版补充法

科学史作为一个开放系统，科学史资料处于动态的变化之中。我们对于科学家、科学事实等的研究资料处于不断的发现之中，因此科学史研究本身处于动态之中。随着新语境资料的不断发掘，人们对科学史的认识也需要处于动态之中。所以，科恩认为对于新发现的语境因素应通过再版法，使人们理解新资

① 魏屹东．科学史研究的语境分析方法．科学技术与辩证法，2002，5（5）：62-65.

料。科恩认为随着科学史材料收集的不断增长，对科学原著、科学史著作进行再版以补充新材料或者修改一些材料或认识，对于科学史大厦的建设是非常重要的。该方法体现在他的论文、著作中。

1993年科恩曾对他在1950年写的《科学史观》进行修改并再次发表，修正了20世纪50年代的一些观点。例如，在1950年科学史是一门正在成长的学科，“科学史学会成员不足500人（20世纪40年代），而现在美国科学史学会成员已超过2万人，致力于科学史方面的杂志的数量越来越多”①，现在明显不同于1950年。科恩还再版修订了关于富兰克林、牛顿原理研究的成果。1960年科恩出版的《新物理学的诞生》，时隔25年后在1985年再版了该书，增加了一些内容和附录，特别是对伽利略内容的修改。1941年科恩出版了《本杰明·富兰克林在电学方面的实验与观察》，主要考证和分析了富兰克林在电学方面的成就。1990年科恩出版的《本杰明·富兰克林的科学》包括了关于富兰克林科学研究的所有内容，他如何对科学产生兴趣，他所完成的实验以及这些实验在欧洲和美国产生的影响。科恩在对1687年、1713年、1726年三版牛顿手稿研究的基础上，1999年出版了《〈牛顿原理〉的解释》。科恩称他编此书的目的是展示牛顿如何写出《原理》，而不是为了追踪概念、方法、证明的历史。科恩在评价一本关于德国16世纪采矿地质学的译著时，发现这是第二版，并修改了一些内容，科恩认为这很好，从而反映了他对再版补充语境分析方法的赞同。

1956年科恩在评价第二个英文版牛顿原理的著作时指出“科学史方面对主要原文的再版经常是受欢迎的”②。再版法将增加一些新的内容，或新的脚注和评论，对于理解原著或科学家思想是很有帮助的。

科恩是研究科学革命的集大成者，在20世纪80年代，出版了《科学中的革命》《牛顿革命》等著作。在其后的年代里，科恩继续关注科学革命，在20世纪90年代科恩评论了一些关于科学革命的著作。在他看来，任何主题的研究都是处于开放状态，再版补充将成为科学史研究很重要的一种方法，可以保证科学史研究的开放性、连续性。

总之，同一主题在不同时代其发展水平与呈现的特征是不一样的。通过广义语境中的再版补充法，能够凸现该主题在不同时代的进展，同时体现语境因素对主题变化的影响。科恩的科学编史学新方法反映科学史研究方法的不断推进与创新的过程，为我们进一步研究科学史提供了方法论指导。

---

① Cohen I B. A sense of history in science. Science and Education，1993，2：276.

② Cohen I B. Reviewed work(s)：Traite d’optique by Isaac Newton. Isis，1956，47（4）：449.

四、基于语境的内史与外史整合法

科学发展过程既受到科学内在机制的作用，同时还受社会因素的影响。而且随着科学技术的发展，社会因素对科学的影响越来越大。科学史作为研究科学的历史，目前形成内史研究和外史研究两个派别。内史侧重于科学知识发展的内在因素的研究，外史侧重科学外在环境的研究。内史论者吉利斯皮（C. C. Gillispie）认为，“外史研究有使科学史失去科学味的危险，主张应从科学史中剔除掉”[①]。外史论者鲁道威克认为，“纯内史的科学史是神秘的，它会导致科学失去赖以存在的社会基础，并主张科学史应该研究科学的社会性和科学史的社会性”[②]。其实，在科学发展历程中并没有内外史之分，是内外因素综合作用的结果。这种人为割裂内外因素的分析方法是不可取的，因为它使科学发展处于内因与外因彼此分离的状态，而现实不是这样的。

科恩反对单纯的内史分析或外史分析，倡导在语境基础上实现内史与外史的综合统一分析。他认为没有必要强调一方面而弱化或放弃另一方面，关键是要坚持科学发展的客观性与历史性，而不是根据主观的爱好与意愿进行研究。科恩在《科学中的革命》中采用综合史分析方法，提出科学革命发生的四个判据和四个阶段，体现了科学革命发生的内史与外史的综合分析方法。科恩还通过该方法研究了科学与政治之间的相互关系、自然科学与社会科学之间的关系，以及本杰明·富兰克林的科学成就与其政治方面的关系问题，突破了从内史或外史路径分析科学史的局限，实现了二者的有机统一，同时也可以做到尊重历史事实，客观解释科学历史的作用。另外，科恩还在他的书评中指责内史或外史研究科学史的片面性，积极倡导实现二者的统一。

科恩认为对于科学史研究没有必要划分为内史研究和外史研究，关键应在语境中通过综合分析法研究科学发展的历程，其中内史研究是语境分析的基础和前提，外史研究是语境分析的补充。特别是大科学时代的到来，基于语境的综合史的研究将成为必然的趋势。

总之，科恩的语境整合法经过不断改革，修正了概念分析法，实现了历时与共时、内史与外史等的统一，客观反映了科学发展的多元性与多因素性，为我们研究科学史提供了语境模式。

---

① Gillispie C C. History of science losting its science. Science，1980，207：389.

② Cohen I B. Critical problem in the history of science. Isis，1981，72（2）：267-283.

第四节 科恩科学编史方法的意义

科恩的科学编史方法在对前人研究方法继承的基础上创新出一些新的方法，呈现出一些新的特点，对于科学史研究具有重要的意义。但是他的方法也存在一些主观性、非普遍性特征，这有待我们进一步研究。

一、科恩科学编史方法的特点

无论科恩是对前人的继承还是创造新的科学史研究方法，都体现了将科学放入认知、科学、历史和社会语境这一原则，具体采用了综合编目引证法、四判据证据法、语境整合法。科恩的编史方法体现了以下特点。

（一）历史性

科学史作为历史研究的分支之一，首先，重要的任务是对科学事实进行发掘，这是科学史研究的基础性工作，如果没有历史资料科学史研究将成为无源之水。而科学编史方法首先通过编目考证法、引证原始材料分析法、概念分析法、历史记录分析法、历史证据分析法等发掘历史资料，而这些方法体现了对历史事实资料的发掘历程。从科学史研究来讲，萨顿、柯瓦雷和科恩都很重要科学史历史语境的研究，只不过对历史语境的研究采用不同的方法而已。科恩的科学编史方法的历史性研究更全面、更客观、更合理。

其次，科恩的科学编史方法的历史性从资料的主体性方面看，涉及科学家、科学共同体、历史学家等。主要发掘：科学家科学思想、实验方法、科学观点、信件等；科学共同体对某个历史事实的态度和观点；历史学家及其他领域对科学的评价。这是由科学本身发展的特点决定的。近代以来，科学活动的边界在不断扩展。科学活动越来越成为整个人类的事业，它需要科学家、政府、社会和国际合作来完成。这样一来，对于科学史的历史性研究涉及的主体会越来越多。

最后，科恩的科学编史方法的历史性从资料的广泛性看包括直接资料和间接资料、公开资料和非公开资料。例如，对于科学家实验过程、科学家本人观点和看法的收集体现了对直接历史资料的收集，而对于历史学家观点和看法的收集体现了对间接历史资料的收集。科恩科学编史方法要求从历史角度收集直接和间接材料，这是做好科学史研究首先比较重要的一步。根据资料是否公开，可以将这些资料划分为公开资料和非公开资料。科学史研究很重要的任务就是不断发掘没有被发现的新资料或非公开资料。科学史发展历程已证明，往往一些新资料的发现会改变人们的一些看法。例如，科恩对 revolution 概念的考证过程，说明在17世纪以前没有“科学革命”这个概念，当然就不可能有科学革命。而在他之前，库恩认为哥白尼引起了一场革命，这是根据他的逻辑得出的结论，而不是根据历史事实得出的结论。

（二）逻辑性

由于科学史涉及的历史资料非常多，怎样通过对这些资料的研究得出一些关于科学发展的客观性、合理性的结论，这需要通过对这些资料的逻辑分析，概括出一些共性的东西。科恩的科学编史方法的逻辑性通过概念分析法、语境整合法等来体现。科恩通过概念分析方法研究了科学革命被认可是17世纪的事情，牛顿革命的发生才是可能的。

在对大量科学革命资料整理的基础上，科恩概括出科学革命发生的四个阶段和四个判据，坚持了历史与逻辑的统一，这是科学史研究很重要的一个原则。

（三）层次性

科学史作为人类文明的重要组成部分，它的发展是从内史不断向外史和综合史发展的过程，体现了科学史研究的层次性特征。而科恩的科学编史方法正是体现了这种层次性特征。

首先，科恩的科学编史方法强调在对内史研究基础上对外史和综合史的研究。科恩在对牛顿革命内史研究的基础上，分析了牛顿革命对社会领域产生影响的途径。

其次，科恩的科学编史方法强调从科学语境向历史语境和社会语境扩展的研究路径。认知语境和科学语境是科学史研究的首要层次，其次才是历史语境和社会语境。它们之间是存在层次关系的。

最后，科恩的科学编史方法体现了科学史研究金字塔式的特征。内史研究具有丰富的基底，它是科学发展特征概括的基础。随着科学史逻辑研究的需要，一些材料被放弃掉，科学史研究的问题也在不断地升级，越来越远离最初的资料，它的抽象性和逻辑性特征越来越明显。

（四）实践性

科恩的科学编史方法来源于科学实践，反过来又指导实践。一方面，科恩的科学编史方法将科学家科学实践过程与科学史学家对科学家科学实践的分析相结合研究科学史。因此，该方法来源于社会实践。另一方面，建立在实践基础上的语境论编史方法对科学实践和科学史研究都具有指导意义。科恩在广义的认知、科学、历史和社会语境中分析了失败的科学革命发生的机制及原因，对当代科学革命的发生具有重要的实践意义。另外，建立在语境基础上的逻辑标准需要在实践中得到检验。科恩指出，科学革命发生的四个判据和四个阶段理论需要在科学革命发生的实践中进行检验。只有符合科学发展语境的逻辑标准才可能经得起实践的检验。

（五）综合性

科学发展过程是认知、科学、历史和社会等多种因素相互作用的结果。科学发展的综合性特征，决定了科学史研究的综合性趋向。但是，多年来科学史研究多从内史或外史研究科学史，人为地割裂开科学发展的各种因素之间的关联性。而语境论科学编史学方法实现了内史与外史、辉格式与反辉格式、历时与共时等的有机统一，做到尽量还原科学发展的本来面目，体现了科学发展综合性的特征，也体现了科学史研究方法的综合性特征。

（六）开放性

科恩的科学编史方法对科学史研究体现了开放性特征。首先，科学史语境因素在不断地扩展。从科学史发展看，科学史研究的语境从科学内史扩展到科学外史。这体现了近现代科学发展的语境特征。其次，由于受社会和历史条件的局限，不同时代对同样的科学事实具有不同的结论。这与对科学事实语境因素的认识水平有关。所以，随着科学发生语境因素的不断发掘，科学编史学研究结论也在不断变化之中，集中表现为再版补充语境分析法。最后，当代科学发展越来越受到社会语境的作用。这样，对当代科学发展的研究离不开对社会语境的分析。总之，科恩的科学编史方法比较客观地反映了科学发展的语境性、科学史研究的开放性。

二、科恩科学编史方法的意义

科恩的科学编史方法体现了对传统方法的继承与改造，反映了科学史研究的特征，对进一步促进科学史发展具有重要作用。

（一）科恩的科学编史方法实现了继承与改造的统一

科恩在对萨顿编目方法、柯瓦雷概念分析法等改造的基础上，在广义语境中实现了科学史研究方法的继承与改造的统一。科学史作为正在发展的学科，对它研究方法的继承与改造，符合科学史学科发展的规律。科恩正是站在巨人的肩上，实现了科学史研究方法的创新。

（二）科恩的科学编史方法满足了科恩多主题研究的需要

科恩对科学史的研究涉及人物、学科史、科学与社会、科学史教育、*Isis* 编辑等领域，具体包括内史研究、外史研究和综合史研究，显然一种方法无法满足他多主题研究的需要。这客观上要求科恩在方法上不断创新。只有创新方法，才可能使多主题研究有新意。

（三）科恩的科学编史方法与科恩编史思想是一致的

科恩科学编史思想体现在他的科学进步观、科学革命观和科学史观中。而他的科学编史思想集中表现为在历史、科学和社会等维度中研究科学史。而这些维度涉及不同学科，要将它们融合在一起，显然需要方法的创新。否则，就不可能实现多维度地分析科学史。而科恩科学编史方法的多样性，满足了不同维度分析科学史的需要，体现了科恩科学编史思想与方法的有机统一。

（四）科恩的科学编史方法为更好地研究当代科学发展提供了方法论基础

当代科学发展体现了科学在历史、科学共同体、社会发展的多维度性。而只有方法的创新才能客观反映当代科学发展的多维度性。科恩科学编史方法更多的是建立在广义语境基础上的方法的创新，更有利于分析当代科学的发展。

总之，科恩的科学编史方法的创新是由他的研究基础、研究思想决定的，同时也是由当代科学发展的多维度性决定的。他的科学编史方法对提高当代科学史研究方法，促进科学史研究水平提升具有重要的理论价值和实践意义。

三、科恩的科学编史方法的不足

科恩作为综合史大师，他的综合性不仅体现在他的科学进步观、科学革命观、科学史观中，而且体现在他的科学编史方法中。他的科学编史方法有助于实现多视角、多因素、多方法的有机统一，为客观分析科学发展过程提供了方法论指导，对于促进科学史综合性研究具有划时代的意义。但是，科恩的科学编史方法也存在一些缺陷。

（一）忽视主语境因素与次语境因素的不同作用

科学发展过程是多种语境因素相互作用的结果，但是各种因素之间存在主次之分。例如，对于科学革命发生的分析，科恩提出四个判据和四个阶段学说，体现了科学革命发生过程中科学理论被不断传播和认知的过程。但是，忽视科学革命发生过程首先重要的是科学理论的重大变革，也就是他所说的判据一。其他的三个判据对于判断科学革命的发生也具有重要意义，但重要的是判据一。历史上虽然有很多革命只停留在判据一阶段，但我们不能否定这种革命的发生。显然，科恩对科学革命的分析没有区别主语境与次语境，最终导致分析带有主观性。

（二）没有实现认知语境与证实语境的有机统一

科恩的科学编史方法实现了历史与逻辑的统一。证据对科恩研究科学史是十分重要的。他对科学与社会关系的研究、科学革命的研究、人物的研究等都建立在广义的语境证据基础上。虽然，他所提出的一些证据带有主观性特征，毕竟是将实证主义应用于科学史研究的有益探索，但是他这种过于强调实证性证据，导致重视证实语境，而忽视认知语境。科恩在科学史研究过程中对认知语境的研究确实很不够，也就是说对科学家认知语境的研究还是比较欠缺的。科学是认识自然和改造自然的过程，认知语境在科学发展过程中具有重要意义。显然弱化这方面的研究，对科学的研究将是不完整、不客观的。

总之，科恩作为 20 世纪著名的科学史学家，他的科学编史方法体现了继承与改造、批判与创新的过程。特别是在对萨顿、柯瓦雷科学史研究方法的继承与改造基础上勾勒出他自己研究科学史的新方法，为 21 世纪科学史研究提供了新的方法。

第六章 “科恩风格”的形成及其影响

科恩作为综合史大师，他的科学编史思想与方法形成“科恩风格”。“科恩风格”不仅体现为对前人的继承，更重要的是体现为在前人基础上的创新。其创新集中体现为在广义语境中实现科学史的伟大综合。“科恩风格”不仅在美国产生了重要影响，而且在世界范围内产生了重要的影响。“科恩风格”还存在一些缺陷，还需要进一步的修正与完善。这为我们的进一步研究提供了方向。

第一节 “科恩风格”的内涵

科恩通过什么方式实现科学史综合研究？这是笔者必须回答的一个理论与实践问题。通过对科恩论文、著作和书评的研究，笔者发现科恩综合史研究的实现途径是由“科恩风格”决定的。

一、内涵

科恩作为综合史大师，是从研究内容进行分析的。20世纪以来，科学史主要从三个进路进行研究。进路之一从内史角度研究科学内部发展的机制，代表人物是柯瓦雷，他通过概念分析法研究了伽利略科学思想发展的历程。进路之二从社会文化角度研究科学发展的外部因素，代表人物是黑森，他分析了牛顿原理产生的社会经济根源。进路之三从综合史角度研究科学发展内部因素与外部因素的综合作用，代表人物是科恩。他从认知、科学、社会、历史等语境基础上分析了科学革命发生的判据，同时也从多语境分析了牛顿的贡献，在他看来，牛顿力学不仅仅是一次大综合，更是一场革命。

科恩是如何实现科学史综合研究的呢？这既是一个理论问题，又是一个实践问题。通过对科恩论文、著作、书评的研究，梳理出科恩科学编史思想与方法产生的研究基础、思想内涵、方法特征，在此基础上进一步研究发现他作为综合史大师都是由他本人的研究风格决定的。通过研究笔者认为“科恩风格”就是在考证基础上通过证据法将研究对象放入认知语境、科学语境、社会语境和历史语境中，以分析研究对象在不同语境中发展与影响的历程。“科恩风格”坚持了历史与逻辑的统一，针对不同研究主题，科恩从证据中分析研究主题涉及的语境因素，历史性是第一位。他不是首先确定语境，再去考察证据。因此，“科恩风格”所涉及的语境因素是由研究主题所涉及的语境因素决定的。“科恩风格”所涉及的语境因素的地位与作用也是根据研究主题来确定。例如，牛顿运动定律的产生过程以认知语境、科学语境和历史语境为主，牛顿运动定律产生的社会根源以社会语境为主。因此，“科恩风格”中语境因素的地位和作用是由研究主题所涉及的语境因素决定的。不同的主题决定了不同语境因素的地位和作用。

笔者在对“科恩风格”进行研究时，发现科恩在运用“科恩风格”时经过了三个阶段：第一个阶段通过证据法对选定主题进行多语境分析，确定研究主题的视角。例如，科恩在对富兰克林研究时，发现很多人对他存在误解，他的研究正是基于对误解的消解。第二个阶段在研究视角范围内，通过证据法确定研究主题在所涉及的语境中发展与影响的历程。第三阶段是将第一阶段和第二阶段中得到的成果，在逻辑分析基础上精心构造，形成新的研究内容。

二、“科恩风格”被应用的案例

“科恩风格”统领科恩研究基础、思想和方法，是实现三者统一的指导思想。科恩也许并没有意识到他的风格的重要性，但从对他的研究看，“科恩风格”是非常明显的。科恩的研究对象主要涉及科学家和科学史学家的人物研究、科学与社会研究、科学史教育研究、科学史编目研究等。无论对哪个主题的研究，科恩都是在证据基础上从广义语境视角进行研究。

（一）“科恩风格”应用于对牛顿的研究

科恩首先在证据基础上将牛顿放入广义语境中进行研究，涉及认知语境、科学语境、历史语境和社会语境。

在认知语境中，科恩考证了牛顿科学思想产生与发展的过程。科学家的认知过程是科学发展的基础性因素。科恩在认知语境中考证了牛顿思想产生与发展的过程，不仅分析了他成功的方面，也分析了他失败的方面。例如，牛顿在托马斯·杨一百多年前就提出了干涉理论，由于受光的微粒说的影响，他从来没有想到将干涉理论用于光学现象，这说明传统思维定势对认知的重要影响。这对当代科学家提高认知能力具有重要价值。1705 年牛顿与莱布尼茨开始了关于优先权的争论。科恩分析了牛顿与莱布尼茨在认知方面存在的差异。科恩通过考证发现牛顿有假说，他将自己的假说建立在实验基础上。而莱布尼茨从假说开始。牛顿认为“假说没有地位，除非它是通过实验提出的猜想或问题”[①]。这说明他们两人在认知领域是存在一些区别的。2002 年科恩和乔治·史密斯合作出版了《牛顿在剑桥》（*The Cambridge Companion to Newton*）一书，概括出牛顿哲学的六种含义，第一种含义是指宇宙特别是天体的信条、规则和影响；第二种是指建立在牛顿光学和各种各样论文基础上的光学哲学；第三种是指科学的方法；第四种和第五种含义是力学的和数学的哲学；第六种含义是牛顿带给哲学的新的原理和新的系统，从演绎中得出对各种问题的新的解决方式，并分析了牛顿哲学很多方面的价值，特别是在哲学领域的价值。

在科学语境中，科恩分析了牛顿科学贡献及在科学领域产生的影响。在科恩看来，科学史学家应考证科学家个体对科学的贡献，但是做到公平、客观是很复杂的。20 世纪 40 年代科恩在历史语境中研究了托马斯·杨与牛顿环的关系。在托马斯·杨之前已有人研究牛顿环，但没有给出充分的解释。1801 年托马斯·杨重新发现了牛顿环并给出合理解释。科恩认为托马斯·杨通过牛顿环发现了光的干涉原理，这是对 18 世纪光的粒子理论颠覆的主要工具。科恩还考证了牛顿与笛卡儿的关系问题，结论是牛顿第一定律直接来源于笛卡儿原理[②]。科恩通过牛顿思想变革在语形、语义、语用方面的变化来揭示牛顿的成就是一种变革而不只是一种综合，并概括出“牛顿风格”。科恩在历史语境中分析了牛顿科学在自然科学中产生的影响，促进了近代物理学、光学、天文学的发展。牛顿的光学思想影响了富兰克林，牛顿的物理学思想成为近代物理学最伟大的成就。

在历史语境中，科恩分析了牛顿科学思想发展的过程以及其后人们对他的

---

① Cohen I B. The first English version of Newton's hypotheses non fingo.Isis，1962，53（3）：379-388.

② Cohen I B. Quantum in se est：Newton's concept of inertia in relation to Descartes and Lucretius.Notes and Records of the Royal Society of London，1964，19（2）：131-155.

研究。首先，科恩在历史语境中研究了牛顿思想与开普勒、笛卡儿、伽利略等之间的关系问题。牛顿站在巨人的肩上，这些巨人是怎样影响牛顿的，需要在历史语境中进行分析。其次，科恩还分析了牛顿时代以及其后不同时代人们对牛顿的看法，使牛顿处于广泛的历史语境中进行研究。

在社会语境中，科恩研究了牛顿科学成就在社会领域产生的影响。首先，科恩分析了牛顿力学对人们价值观产生的影响。牛顿的力学使人们以一种机械论的思想看待世界万物，包括人们的日常生活等方面。其次，科恩分析了牛顿思想在政治学领域产生的影响。

（二）“科恩风格”应用于对科学革命的研究

1985 年科恩的《科学中的革命》是广义语境研究方法应用的集中体现，他通过科学语境、社会语境、历史语境研究科学革命发生的四个阶段及其决定因素。科恩在科学语境中分析了“革命”一词的概念变革以及用于科学领域的过程。在历史语境中分析了科学革命发生的四个阶段，即思想革命、信仰革命、论著中的革命、科学中的革命。科恩以历史作为判断科学革命发生的基础和前提，他反对库恩脱离历史事实仅从哲学角度构建科学革命，他更愿意在历史语境中研究科学革命。社会语境在科恩分析科学革命发生中占有重要地位。在科恩看来，科学革命的发生离不开目击者的证明、同行的认可、历史学家和科学史学家的判断及当代科学家的判断。科学革命作为科学领域的重大变革，成为推进人类进步的重要力量，它对技术革命发生的推动作用也需要在社会语境中进行研究。20 世纪 90 年代科恩还在理论、历史和社会语境中分析了自然科学与社会科学相互影响的过程。

（三）“科恩风格”应用于对本杰明·富兰克林的研究

20 世纪 40 年代科恩通过历史和社会语境考证了富兰克林岗亭实验、风筝实验、热吸收实验在 18 世纪电学和社会中产生的影响。从那以后，他继续研究富兰克林。1990 年，科恩再版了《本杰明·富兰克林的科学》。在他看来，“没有富兰克林，科学的整个轮廓不可能完全认识他。”[①] 科恩通过 50 年的研究，收集关于富兰克林的各种资料，使富兰克林处于广义语境中进行研究。在《本杰明·富兰克林的科学》一书中科恩在认知、科学、历史、社会语境中解释了富

---

① Cohen I B. Benjamin Franklin’s Science. Cambridge：Harvard University Press，1990：XI .

兰克林如何对科学产生兴趣，他完成的实验以及这些实验在欧洲和美国产生的影响。

在认知语境中，科恩发现富兰克林深深地受到牛顿的影响，主要是牛顿光学的影响。因为牛顿的光学是另一种风格，它不是通过数学证明发展它的主题，而是通过实验证明他的主张。“18 世纪 30 ～ 40 年代，富兰克林通过牛顿的光学接触到实验的艺术，这些成为富兰克林电流概念的模型。”[①]他提出五个字的宣言“让实验证明”，这是受牛顿的影响。

在科学语境中，科恩分析了富兰克林风筝实验、岗亭实验、闪电棒实验发生的过程以及在科学中产生的影响。首先，科恩分析了富兰克林区别了导体和绝缘体，说明了导体在接触时获得相同的电荷，以及他的风筝实验、岗亭实验、闪电棒实验发生的过程等。因为闪电棒实验和闪电棒使富兰克林享有国际声望。其次，科恩分析了富兰克林科学实验产生的影响。科恩分析了富兰克林的闪电棒实验在当时有三个方面的原因没有被充分理解。“第一个是闪电现象是在自然中发生的；二是证明理论科学会导致重要的实践发明；三是支持战争反对迷信。”[②]

在历史语境中，科恩分析了富兰克林风筝实验和闪电棒实验的具体时间。科恩发掘的材料证明：1752 年 6 月富兰克林完成了他的风筝实验，1752 年 6 月后期或 7 月，富兰克林曾建立闪电棒实验并开始服务于社会。科恩还通过证据说明富兰克林电学实验同法国电学实验之间的关系问题。

在社会语境中，科恩分析了富兰克林的思想和生活被人们所忽视的两个原因，一是二战前，纯的理论的或者基础科学研究在美国并没有占有很高的位置。二是当时科学史还没有成立专业学术机构，对基础科学的贡献还没有成为当时美国传统历史的一部分。科恩还分析了富兰克林的家庭背景和社会背景以及他的发明在社会领域中的应用。富兰克林闪电棒、富兰克林炉子、电击治疗疾病等在社会领域得到应用。科恩还研究了富兰克林在政治学中产生的影响，他不仅是一位科学家和发明家，而且还是一位政治家，他对美国政治产生了重要的影响。科恩发现富兰克林将科学思想和方法引入社会科学，不同于其他的政治家，富兰克林主要通过最近的科学新闻、杂志和报纸介绍一些科学概念并对自然灾难、彗星出现、科学发现进行评论，避免用深奥难懂的诸如牛顿自然法则、天文或物理法则来向公众解释。

---

① Cohen I B. Benjamin Franklin's Science. Cambridge：Harvard University Press，1990：19.

② Cohen I B. Benjamin Franklin's Science. Cambridge：Harvard University Press，1990：6.

20 世纪 50 年代科恩还在《科学与人类的仆人：科学时代门外汉的入门书》中运用证据法和广义语境法分析科学家科学思想产生的过程，以说明基础研究的重要性。

第二节 “科恩风格”的特征

科恩作为综合史研究的标杆，“科恩风格”也成为综合史研究最主要的范式。“科恩风格”体现了综合性、同一性、革命性、开放性等特征。

一、综合性

科恩的科学编史思想与方法来源于对前人的继承与超越。一方面是一些科学史学家的影响。作为萨顿的学生、柯瓦雷进行牛顿《原理》研究的合作者，他们的研究主题、科学观、科学史观和科学编史学方法影响着他。另一方面，一些科学家的科学思想、科学方法影响着科恩。

首先，科恩的研究基础不仅涉及科学家科学思想的研究，还包括科学史教育的价值、科学与社会研究等，而他所研究的科学革命涉及认知、科学、社会、历史等语境，更是体现了内史与外史的综合性特征。

其次，从科恩科学编史思想看，也体现了综合性特征。科恩的科学进步观、科学革命观和科学史观都体现了科学与社会各种条件之间的互动关系。而科恩科学编史思想也反映了当代科学发展的特征。大科学时代，科学的发展越来越成为国家的事情，社会环境对科学的发展具有重要的作用。

最后，科恩科学编史方法是实现综合编史的重要支撑。科恩所使用的四个判据法，实现了历史与逻辑的统一。科恩通过广义语境整合法，扩展了概念分析法、再版法的使用范围。科恩不仅广泛使用综合编目引证考证法，而且将柯瓦雷的概念方法从科学领域扩展到社会领域，从科学与社会领域研究了“革命”概念的变化过程。科恩的一些著作与论文经过了再版，他再版的特征是原来的内容不动，只增加变化了的内容，实现了新旧内容的比较。他所使用的广义语境整合法还实现了历时与共时、内史与外史的统一。

所以，科恩科学编史的研究基础、思想与方法，证明他确实是一位综合史大师。他的综合性是站在萨顿、柯瓦雷、默顿等巨人的肩上，是在继承前人基础上的伟大创新，开辟了科学史研究新的领域，即从内史、外史转变为综合史。

二、同一性

“科恩风格”体现在他的研究基础、思想与方法中。科恩对研究主题的确定是在多语境研究中确定的，科恩的科学进步观、科学革命观和科学史观也是在多语境因素分析基础上实现的。科恩的研究方法集中体现了建立在广义语境基础上的综合编目引证法、四判据证据法和语境整合法。因此，“科恩风格”实现了科恩研究基础、思想与方法的同一，即都是基于语境分析基础上三者的同一。

首先，“科恩风格”确定研究主题所涉及的语境边界是实现主题、思想与方法同一的基础。对不同主题我们可能涉及认知语境、科学语境、社会语境和历史语境，也可能涉及某一个或某几个语境，这是由对研究主题的考证结果决定的。

其次，“科恩风格”形成的思想建立在对主题语境分析的基础上，是实现主题、思想与方法同一的枢纽。科学史学家科学编史思想的形成建立在对主题语境分析的基础上，这同时影响着科学史学家所要选择的研究方法。

最后，“科恩风格”形成的研究方法是实现主题、思想与方法同一的重要工具。“科恩风格”的运用离不开语境方法的支持。科恩正是基于广义的语境分析方法研究了相应的主题，产生了相应的思想。

三、革命性

科恩在科学史方面的伟大贡献，集中体现在他的“科恩风格”不仅开辟了新的研究领域，而且逐步消除人们对科学家产生的一些误解，如对牛顿和富兰克林等的误解。“科恩风格”不仅体现了科恩对萨顿、柯瓦雷等的继承性特征，更体现为对他们的革命性特征。

首先，“科恩风格”将科学放入广义语境中进行研究，他的研究主题来源于广义语境中与科学相关的主题，如科学家、科学史学家、科学与社会、科学史教育等。这远远超过了萨顿、柯瓦雷等，可以说他引起了研究主题的一场革命。

其次，“科恩风格”形成的科学编史思想，即他的科学进步观、科学革命观和科学史观都是将科学放入广义的科学、历史与社会等语境中进行研究。科恩的科学编史思想突破了单纯的内史或外史研究，是一种建立在语境基础上的综合史观，“科恩风格”同时引起科学编史思想的一场革命。

最后，科恩在继承前人内史方法与外史方法的基础上，提出他自己的广义语境方法。他的综合编目引证考证法、四判据证据法也体现了科学史研究的广义语境特征，综合编目引证考证法，不仅包括已有的直接或间接材料，而且还包括新发现的材料，如私人谈话内容、实验报告等。四判据证据法不仅涉及过去证据，而且包括当代证据，本身体现了证据的辉格式与反辉格式的统一。因此，“科恩风格”也引起科学编史方法的一场革命。

“科恩风格”的革命性与科恩本人的多重角色分不开。科恩不仅是科学史学家，而且是科学史教育家、科学活动家、*Isis* 编辑及主编，而他的研究领域包括了他所从事工作的不同方面。这也充分说明他是一位善于思考、努力创新的科学史学家。他的科学史研究基础、科学编史思想与方法不是简单的综合，而是建立在“科恩风格”基础上的一场革命。

四、开放性

“科恩风格”是在多语境中研究科学主题、形成编史思想与方法，而多语境因素是处于开放状态。在科恩看来，多语境因素的开放性表现在以下几个方面。

首先，基于证据基础上语境因素的开放性。科恩的博士论文是对富兰克林的研究，1947 年他出版了他的博士论文《本杰明·富兰克林在电学方面的实验与观察》，在认知语境和科学语境中研究了富兰克林对电学的贡献。其后，科恩通过证据法在社会语境、历史语境中研究富兰克林。随着证据的不断增加，科恩于 1990 年出版了《本杰明·富兰克林的科学》，从认知语境、科学语境、社会语境和历史语境中研究了这位电学大家。正是在证据基础上，科恩不断扩展研究对象所涉及的语境因素，尽量复原研究对象的本来面目。

其次，基于历时维度基础上语境因素的开放性。研究基础主要来源于对一个主题的历时性分析或者共时性分析，再者是历时与共时综合分析。随着时间的推移，对一个主题的主要因素和相关因素都在不断发生变化。追踪这种变化就会使同一主题反映不同内容。科恩曾在 1950 年写过一篇涉及美国科学史学会发展的论文。1993 年科恩再一次研究美国科学史学会时发现，这时学会人数是 20 世纪 40 年代的 4 倍，相关杂志数量也在激增。这反映了在历时语境中同一主题研究的开放性特征。

最后，基于研究领域基础上语境因素的开放性。作为二战期间成长起来的科学史学家，科学与社会的关系问题一直是科恩关注的重要领域。那么科学与社会究竟是一种什么关系？针对这一研究领域，科恩从科学与政治、科学与战争、自然科学与社会科学的关系、科学与文学、科学革命的社会功能等主题展开了研究。在语境因素不断扩展的条件下，科恩通过对同一研究领域涉及的多种语境的研究，反映科学与社会的关系问题，体现了语境因素的开放性特征。

第三节 “科恩风格”的现实意义

科恩科学编史思想主要体现在他的科学进步观、科学革命观和科学史观中。科恩的科学编史思想形成“科恩风格”。一方面，“科恩风格”影响着科恩的同事、学生和同行；另一方面，“科恩风格”对科学史研究具有重要的现实意义。

一、科恩科学编史思想的影响

（一）科学进步观的影响

传统与转变是科学活动的辩证法。虽然转变是主要价值，但是我们可以从每年的诺贝尔奖中看到科学研究的相对稳定性。科恩在科学史方面的工作构建出科学进步的过程。

而他的科学进步观影响着他的学生和同事。在《科学中的传统与转变：纪念科恩》一书中，他的学生和同事研究了18世纪美国科学进步发展的特征。他的学生和同事在对美国当代科学的研究中，坚持了科恩多维度分析的方法，并将其应用在具体的研究中。

（二）科学革命观的影响

对科学革命的研究是科恩很重要的一个方面，也是科恩取得一些奖项最主要的原因。而他的科学革命观也在影响着他的同事和学生。

在《科学中的传统与转变：纪念科恩》一书中，有些人研究了科学革命的文化背景及社会条件。

（三）科学史观的影响

科恩的科学史观体现了科学史发展的特征。科学史学科发展的多学科性，要求科学史工作者应具有多学科的知识，如科学、历史、政治、文化与社会等方面的背景。其次，科学史研究条件的主客观性，要求科学史工作者不断提高自己的语言能力、学习能力等。社会应创造有利于科学史发展的环境。科学史研究价值的多维度肯定了科学史研究的重要价值，承认了科学史发展的重要性。他的学生和同事是他的科学进步观、科学革命观和科学史观的实践者。

总之，科恩科学编史思想影响着其后的工作者。为了更好地促进科学史发展，我们必须要有正确的科学进步观、科学革命观和科学史观。而科恩的三观为我们提供了丰富的思想。

二、科恩科学编史方法的影响

作为著名的科学史学家，科恩的科学史研究方法也在影响着他的学生、同事及同行。科恩科学史研究的主要方法是对牛顿、富兰克林等著作原文的细查和对概念的分析。

（一）综合编目引证法的影响

科学史作为历史学的一部分，编目方法有助于对研究主题进行广泛的分析和研究，避免片面性。作为 *Isis* 的编辑，科恩重视对一些内容通过补充材料进行说明，体现材料的时代背景。科恩在他的《科学中的革命》中有约占全书 1/3 的“补充材料”“注释”和“参考文献”，使读者能够从当时的语境中理解科学革命。科恩在书评中也是强调编目方法的重要性。对于编目来讲，不仅需要收集相关的原始资料，而且需要收集不同语言、不同版本一些重要的说明，以保证编目的完整性。

而在《科学中的传统与转变：纪念科恩》一书中，科恩的学生、同事几乎在每篇论文后都有大量的注释，体现了科恩的科学史综合编目引证法的影响。

（二）四判据证据法的影响

科恩在对科学革命研究过程中，提出了科学革命发生的四个判据。而他的这种证据法影响了他的学生和同事。

在《科学中的传统与转变：纪念科恩》一书中，他的学生、同事几乎在每篇论文中都有大量证据，以证明他们的观点，体现了科恩四判据证据法产生的影响。

（三）语境整合法的影响

科恩在语境基础上对一些传统方法进行了改造，并将这些方法应用于他的研究之中。而他的这些语境整合法对他的同事与学生产生了影响。

1. 科恩基于语境的概念分析方法的影响

科恩在与柯瓦雷合作时，继承了柯瓦雷的概念分析方法。科恩在研究牛顿革命、自然科学与社会科学的关系问题时，都用到了概念分析方法，而这种方法在他的学生、同事中进一步得到发展。

在《科学中的传统与转变：纪念科恩》一书中，北卡罗来纳大学的伊迪斯·西拉（Edith Sylla）通过概念分析法分析了“比率”含义变化的过程，并考证了“比率”从伽利略时代到牛顿时代内涵变化的过程。史密森学会的默茨巴赫（Merzbach）发现关于19世纪数学的发展存在歪曲历史的情况，一方面是因为19世纪数学理论或数学分析太少了，另一方面是因为一些作家给出的有影响的关于19世纪数学发展的历史性说明影响了概念变化的研究。默茨巴赫通过概念分析法分析了19世纪数学概念的变化历程。

2. 科恩基于语境的历时共性整合法的影响

对于一些著名科学家来讲，人们往往只看重他们成功的一面，而忽视他们曾经失败的一面。在科恩看来，对于失败科学的研究也具有重要意义，它体现了历时性与共时性的统一，反映了科学发展的客观实在。

在《科学中的传统与转变：纪念科恩》一书中，他的学生、同事继承了他的广义语境分析方法。科恩不仅重视对成功科学革命的研究，而且重视对历史中失败的科学革命的研究。北卡罗来纳大学的伊迪斯·西拉重点研究了牛顿在一些领域提出的理论或观点很快过时并被取代的过程，以发掘牛顿曾经失败的历史，实现对牛顿全面而系统的研究，很显然，他继承了科恩广义语境的研究方法。加利福尼亚大学的朱迪斯·格拉比内（Judith Grabiner）通过广义语境分析方法研究了19世纪博尔扎诺（Bolzano）和柯西（Cauchy）最新的成果及启示，以及关于牛顿与莱布尼茨微积分优先权这个问题被提出的背景、最近的观点。很显然，朱迪斯·格拉比内在历史语境、社会语境中研究历史上曾经发生的一场争论。

通过以上分析可以得出，科恩的研究基础、思想及其研究方法首先影响了他的学生、同事，而且他的影响通过他的学生、同事的纪念性论文集、同行评论、相关论文表现出来，这就是科恩产生影响的证据。

三、"科恩风格"的现实意义

"科恩风格"是科恩实现综合史研究的重要方法，它既反映了科学发展的多语境性和开放性特征，同时也开辟了科学史综合研究新领域，将引领科学史走向一个新的高潮。

（一）反映了科学发展的多语境特征

科学作为一项社会事业，它的发展过程是科学家认知语境创新、科学理论语境变革、科学共同体和社会语境认可的过程。因此，我们采用语境论方法分析科学发展过程能够比较客观地反映了科学发展的过程，实现了科学发展过程中内语境与外语境的有机统一，避免了人为地从内语境或外语境研究科学的形态。

（二）体现了科学史研究的开放性

科学在不同时代具有不同的发展特征。通过语境分析方法，可以具体、客观地分析科学在不同时代发展的个性特征。20世纪以来，科学的发展涉及的语境越来越多，科学史研究也应涉及的语境越来越多。正是语境因素的不断变化，体现出了科学在不同时代发展的个性。只有通过语境方法研究科学史，才能避免科学史研究的封闭性、主观性、僵硬性。

（三）开辟了科学史综合史研究新领域

20世纪以来，科学史研究经过了内史、外史和综合史研究三个阶段。内史研究主要从科学发展的内因研究科学史，代表人物有柯瓦雷，外史研究主要从科学发展的外部原因或从科学对社会产生的影响进行科学史研究。科学作为一项社会事业，并不必然存在内史与外史的分离。显然，这两种研究方法存在很大的缺陷。科学史研究强烈地要求对科学史进行综合史研究。但是，对于综合史研究而言，不是简单地将内史与外史研究结合在一起就可以了，而是要实现二者的有机统一。科学发展过程是从内史向外史不断传播或扩展的过程。显然，综合史研究应体现科学从内史向外史不断扩展和传播的过程。而通过语境分析方法，可以实现科学综合化的发展特征，客观反映科学从内史向外史不断扩展的过程；还可以实现内史研究与外史研究的有机统一。

（四）引领科学史研究走向一个新的高潮

科恩的科学编史不仅涉及科学史的本体论，而且涉及科学史研究的认识论和价值论。科恩不仅研究了 17 ～ 20 世纪科学发展的特征，以及科学家和科学史学家等科学史三体研究的内容，还从认识论角度研究了科学史学科、科学史研究条件等的语境性特征。作为科学史教学家和教育家，科恩还研究了科学史教育、科学研究的价值问题。显然，科恩的语境论科学编史学是将科学史研究放入更广泛的语境中进行研究，不仅包括内史研究、外史研究，还包括科学史教育研究、价值研究等。

第四节 “科恩风格”的不足及修正

虽然“科恩风格”在科学史编史过程中具有重要作用，但是“科恩风格”也存在一些不足，这需要在以后的研究中不断完善。

一、“科恩风格”的不足

首先，“科恩风格”存在语境因素的不完整性。科恩重点分析了科学在认知语境、科学语境、社会语境和历史语境中的发展过程。但对科学在科学家和科学共同体认知语境中的变革分析比较少。科学发展过程中也体现了科学家个体因素的作用。为什么一个科学理论是由某一个人或某几个人提出，而不是其他人，这显然与科学家个体因素的发展紧密相关。另外，科恩也没有分析科学家群体认知语境具体变化的过程。再者，科恩对认知语境的分析主要是对创造的验证进行分析，而对创造的准备、酝酿、明朗的分析很少。科恩是这样解释的：这些证据比较难找，这是一个无人涉足的领域。显然，科恩所分析的认知语境有待进一步的扩展。

其次，“科恩风格”具有武断性。过于强调证据，弱化科学发展其他语境因素的分析。科恩在对科学革命进行分析时提出四个判据，而四个判据都是建立在历史证据基础上。而对于早期是否发生过科学革命寻找相关的证据是相当困难的。我们不能因为证据不足而否定一些科学革命的发生。另外，对于一些科学发展并没有相关证据，似乎在科恩看来，就没有办法研究。这将缩小或忽视科学发展的一些特征。例如，科学在认知领域取得的突破的复杂性，它的证据的收集是相当困难的。

最后，“科恩风格”带有主观性。对于科学发展过程的语境因素需要回到当时的历史中进行客观分析。而科学发展过程究竟涉及多少个语境因素，也就是说它的语境边界在哪里，是由主观对客观的认识程度决定的。显然，随着研究的不断深入，研究主题的语境边界处于动态的变化之中。研究主题所涉及的语境因素也处于变化之中。由于研究程度与视角的差异，不同的人对同一主题会选择不同的语境因素，这就会使“科恩风格”具有主观性色彩。

二、“科恩风格”的修正

怎样解除“科恩风格”存在的语境因素的不完整性、判据的武断性和因素选择的主观性，将是笔者需要解决的另一个重要问题。在笔者看来，修正“科恩风格”还需要通过语境思想和语境方法来解决。

首先，通过语境的多层次性弥补“科恩风格”语境因素的不完整性。科恩认为科学史研究涉及认知语境、科学语境、社会语境和历史语境。针对不同语境又具有亚语境结构，如认知语境包括创造的准备、酝酿、明朗、验证四个阶段的语境因素。因此，为了避免分析的不完整性，我们不仅需要分析外层的认知语境、科学语境、社会语境和历史语境，还必须分析它们亚层次所涉及的语境因素以及可能涉及的第三层次的语境因素。

其次，通过语境的开放性弥补“科恩风格”判据的武断性。科恩将他的科学史研究建立在证据基础上，强调证据的重要性。而过于强调证据会使一些科学史由于证据的缺失而无法进行研究，我们的判断也无法进行。怎样弥补这种局面？只能是在开放的语境条件下不断发掘新证据，以完善我们分析历史和记录历史的材料。

最后，通过语境的实在性弥补“科恩风格”语境因素选择的主观性。语境反映研究主题的客观实在。研究主题涉及语境因素的多元性与多层次性关系，主语境因素与次语境因素是由研究主题语境的客观实在性决定的，而不是由研究者主观爱好、主观判断决定的。怎样才能做到坚持语境的实在性，笔者认为首先需要树立正确的语境科学观、语境科学史观；其次，正确使用好语境分析方法；最后，对研究主题涉及的语境因素进行客观实在性分析。

总之，科恩作为20世纪综合史大师，他的综合史研究主要是通过“科恩风格”实现的。“科恩风格”是20世纪科学哲学语境思想与方法对科学史的重要影响。通过对科恩科学编史思想与方法的研究，我们认识到21世纪“科恩风格”将成为引领综合科学史研究的重要途径而被广泛运用。

参考文献

爱因斯坦 . 1976. 爱因斯坦文集 . 许良英等译 . 北京：商务印书馆 .

巴特菲尔德 . 1988. 近代科学的起源 . 张丽萍等译 . 北京：华夏出版社 .

保罗•郎之万 . 1957. 思想与行动 . 何理路译 . 上海：生活•读书•新知三联书店 .

贝尔纳 . 1981. 历史上的科学 . 伍况甫等译 . 北京：科学出版社 .

陈建新，赵玉林等 . 1994. 当代中国科学技术发展史 . 武汉：湖北教育出版社 .

陈玲 . 2005. 论科学中的数学观念革命——兼评科恩的科学革命观 . 自然辩证法研究，4（4）：29-31.

成素梅，郭贵春 . 2005. 走向语境论的科学哲学 . 科学技术与辩证法，（4）：5-7.

丹皮尔 . 1997. 科学史及其与哲学和宗教的关系 . 李珩译 . 北京：商务印书馆 .

杜严勇 . 2007. 科学史的合理重建与社会学重构. 科学技术与辩证法，（1）：93-95.

范莉，魏屹东 . 2007. 西方科学思想史哲学建构的成功范例——柯瓦雷的哲学化科学思想史研究 . 科学技术与辩证法，24（2）：86-89.

方敏 . 1992. 对两份有影响的科学史杂志的内容分析. 科学技术与辩证法，（4）：25-29.

方能御 . 1985. 霍尔顿教授谈：了解一门科学史的意义 . 世界科学，（11）：3-4，44.

冯玉钦 . 1993. 中国科学技术史学术讨论会论文集 . 北京：科学技术文献出版社 .

龚育之 . 2004. 科学与人文：从分离走向交融 . 自然辩证法研究，（1）：1-12.

郭贵春，成素梅 . 2006. 科学技术哲学概论 . 北京：北京师范大学出版社 .

郭贵春，张培富 . 2002. 科学技术哲学未来发展展望 . 自然辩证法研究，（5）：14-17.

郭贵春 . 1997. 论语境 . 哲学研究，（4）：46-52.

郭贵春 . 2004. 科学实在论的方法论辩护 . 北京：科学出版社 .

郭贵春 . 2005.“语境”研究的意义 . 科学技术与辩证法，（4）：1-4.

郭金彬，陈玲 . 2006. 科学革命中信仰的改变 . 自然辩证法研究，3（3）：35-37.

哈里特•朱克曼. 1982. 科学界的精英. 周叶谦，冯世则译 . 北京：商务印书馆.

赫尔奇•克拉夫 . 2005. 科学史学导论 . 任定成译 . 北京：北京大学出版社 .

胡新和 . 2005. 科学革命与历史变革 . 史学理论研究，（4）：14-15.
黄家裕，谷明付 . 2004. 库恩科学革命观的局限 . 大众科技，（5）：56-57.
黄家裕 . 2005. 对库恩科学观的两个批评 . 科学技术与辩证法，5（5）：56-58.
江晓原 . 1986. 爱国主义教育不应成为科技史研究的目的 . 大自然探索，5（4）：143-144，148.
江晓原 . 2000. 为什么需要科学史 . 上海交通大学学报（社科版），（4）：10-16.
杰拉耳德 • 霍耳顿 . 1999. 科学与反科学 . 范岱年等译 . 南昌：江西教育出版社 .
科恩 . 1998. 科学中的革命 . 鲁旭东等译 . 北京：商务印书馆 .
科恩 . 1999. 牛顿革命 . 颜锋，弓鸿午，欧阳光明译 . 南昌：江西教育出版社 .
李克特 . 1989. 科学是一种文化过程 . 顾昕，张小天译 . 北京：生活 • 读书 • 新知三联书店 .
李宁 . 2009. 科学与政治二题 . 民主与科学，（4）：6-8.
李醒民 . 1987. 对科学发展的哲学反思——评当代科学哲学关于科学发展和科学革命的一些观点 . 内蒙古社会科学，（5）：6-12.
李约瑟，龚方震，翁经方 . 1979. 近代科技史作者纵横谈——在第十五届国际科学史会议开幕式上的讲话 . 社会科学战线，（3）：184-190.
李约瑟 . 1982. 中国科学传统的成就与贫困与成就 . 科学与哲学，（1）：35.
李约瑟 . 1990. 中国科学技术史（第二卷）. 何兆武等译 . 北京：科学出版社 .
林长春 . 2004. 美国科学史教育的演进及其启示 . 外国教育研究，（6）：32-35.
林德宏 . 2000. 关于科学史研究的几个问题 . 科学技术与辩证法，（8）：39-42.
林文照 . 1981. 中国科学史研究的回顾与展望 . 中国科技史料，（3）：1-4.
刘兵 . 1996. 关于科学史研究中的集体传记方法 . 自然辩证法通讯，（3）：49-54.
刘兵 . 2000. 触摸科学. 福州：福建教育出版社 .
刘兵 . 2003-7-30. 献身科学史的一生——科恩生平及著述 . 中华读书报，第 2 版 .
刘钝 . 1999. 面向 21 世纪的科学史主编致辞 . 自然科学史研究，（3）：93-95.
刘风朝 . 1991. 近代科学史观的历史走向 . 科学技术与辩证法，（6）：32-38.
刘风朝 . 1995. 20 世纪的科学编史学：文化背景和思想脉络 . 科学技术与辩证法，（2）：40-43.
刘风朝 . 2002. 科学史的层次划分及其编史学意义 . 自然辩证法研究，（1）：34-37.
路甬祥 . 2000. 科技百年的回眸与新世纪的展望 . 未来与发展，（2）：3-10.
迈尔 – 莱布尼茨 . 1992. 人 • 科学 • 技术 . 胡功泽等译 . 上海：生活 • 读书 • 新知三联书店 .
孟建伟 . 2004. 科学史与人文史的融合——萨顿的科学史观及其超越 . 自然辩证法通讯，26（3）：57-63.
帕尔默，科尔顿. 1988. 近现代世界史（上册）. 孙福生等译 . 北京：商务印书馆 .
钱皓 . 1998. 科学史学与史学研究 . 世界历史，（4）：87-95.
乔治 • 萨顿 . 1987. 科学的生命 . 刘珺珺译 . 北京：商务印书馆 .
让 • 拉特利尔 . 1997. 科学和技术对文化的挑战 . 吕乃基等译 . 北京：商务印书馆 .
任军 . 2004. 科学编史学的科学哲学与历史哲学问题 . 社会科学管理与评论，（4）：24-31.
萨顿 . 1989. 科学和新人文主义 . 北京：华夏出版社 .
萨顿 . 1990. 科学的历史研究 . 北京：科学出版社 .

宋立军 . 1998. 略论科学史与科学方法论的内在统一性 . 广西师范大学学报，（1）：52-54.
孙永平 . 1991. 柯瓦雷 . 科学思想史研究方向与规则 . 自然辩证法研究，7（12）：63-65.
汤浅光日朝，姜振寰 . 1982. 中国近代科技史（解说与年表）. 中国科技史料，（4）：84-90.
托马斯•库恩 . 1980. 科学革命的结构 . 李宝恒，纪树立译 . 上海：上海科学技术出版社 .
托马斯•库恩 . 1981. 必要的张力 . 纪树立，范岱年译 . 福州：福建人民出版社 .
王续琨 . 2000. 交叉学科、交叉科学及其在科学体系中的地位 . 自然辩证法研究，（1）：43-47.
王云霞，李建珊 . 2007. 试论库恩科学史观 . 北京理工大学学报（社会科学版），9（2）：92-95.
魏屹东 . 1996. 试论科学内外史发展的三个阶段 . 科学技术与辩证法，（8）：39-43.
魏屹东 . 1997. 爱西斯与科学史 . 北京：中国科学技术出版社 .
魏屹东 . 1998. 科学史研究转向意味着什么 . 科学技术与辩证法，（2）：41-45，50.
魏屹东 . 2000. 论教育的生产力特征 . 自然辩证法研究，（1）：54-58.
魏屹东 . 2002. 科学史研究的语境分析方法 . 科学技术与辩证法，5（5）：62-65.
魏屹东 . 2002. 李约瑟难题与社会文化语境 . 自然辩证法通讯，3（3）：15-20.
魏屹东 . 2004. 广义语境中的科学 . 北京：科学出版社 .
吴国盛 . 1993. 论宇宙的有限无限 // 胡文耕 . 科学前沿与哲学 . 北京：中共中央党校出版社 . ：35-46
吴国盛 . 2005. 科学史的意义 . 中国科技史杂志，1（1）：59-64.
吴维民 . 1989. 科学的整体化趋势 . 成都：四川人民出版社 .
席泽宗 . 1997. 中国科学院自然科学史研究所 40 年 . 自然科学史研究，（2）：101-108.
肖运鸿 . 2004. 科学史的解释方法. 科学技术与辩证法，（6）：97-100.
邢润川，孔宪毅 . 2002. 论自然科学史的科学属性与人文属性 . 科学技术与辩证法，（3）：61-67.
邢润川，孔宪毅 . 2006. 试论科学思想史与哲学的关系 . 科学技术与辩证法，（2）：82-88.
徐飞 . 1996. 论科学方法的跨学科运用 . 科学技术与辩证法，（6）：24-29.
亚历山大•柯瓦雷 . 2003. 牛顿研究 . 张卜天译 . 北京：北京大学出版社 .
阎康年 . 1987. 卢瑟福与现代科学的发展 . 北京：科学技术出版社 .
阎康年 . 2007. 应用科学与应用科学革命 . 自然科学史研究，3（3）：425-437.
伊•拉卡托斯 . 1986. 科学研究纲领方法论 . 兰征译 . 上海：上海译文出版社 .
伊•普里戈金，伊•斯唐热 . 1987. 从混沌到有序 . 曾庆宏译 . 上海：上海译文出版社 .
殷杰，韩彩萍 . 2005. 视域与路径：语境研究方法论 . 科学技术与辩证法，（5）：38-44.
殷杰 . 2001. 科学哲学：它的过去与未来 . 洛阳师范学院学报，（1）：16-17.
于新慧 . 2007. 科学教育中融入科学史的思考 . 淄博师专学报，（2）：21-24.
袁江洋，刘钝 . 2000. 科学史在中国的再建制化问题之探讨（上）. 自然辩证法研究，（2）：58-62.
袁江洋，刘钝 . 2000. 科学史在中国的再建制化问题之探讨（下）. 自然辩证法研究，（3）：51-55.
袁江洋 . 1996. 科学史：走向新的综合. 自然辩证法通讯，（1）：52-53.
袁江洋 . 1999. 科学史的向度 . 自然科学史研究，18（2）：97-114.
袁江洋 . 2005. 中国科学院自然科学史研究所科学编史学教程简介 . 中国科学史杂志，（4）：

370-378.
袁维新 . 2006. 论科学史的教育价值 . 自然辩证法通讯, 3（3）：72-77.
约翰 • 齐曼．1988. 元科学导论．刘珺珺等译 . 长沙：湖南人民出版社.
詹姆斯 . 1978. 实用主义 . 燕晓冬译 . 北京：商务印书馆 .
张吉 . 2005. 萨顿新人文主义科学教育观 . 自然辩证法研究，（1）：97-104.
张立英 . 2004. 论失败的科学革命——兼评科恩的科学革命理论 . 自然辩证法研究，（9）：45-49.
赵乐静 , 郭贵春 . 2003. 科学史与科学社会学的联系 . 科学 ,（6）：26-29.
赵预蒙 . 2004. "科学革命"：知识生态圈的进化现象——对科恩鉴别"科学革命"四个判据的再思考 . 内蒙古大学学报（人文社会科学版），（6）：52-56.
中国科学院科技政策与管理科学研究所科学哲学室 . 1988. 科学与社会 . 北京：科学出版社 .
诸大建 . 1990. 从板块学说看科学革命的若干问题——兼评科恩的科学革命观 . 自然辩证法通讯，（1）：13-17.

Bell, R B, Clagett M, Cohen I B, et al. 1999. David Hartley on Human Nature. New York：State University of New York Press.
Christensen D E. 1964. Philosophy and its history. The Review of Metaphysics, 18（1）：58-83.
Clagett M, Cohen I B. 1966. Alexandre koyré（1892-1964）commemoration. Isis, 57（2）：157-158.
Cohen I B 1973. A Computer Perspective. Cambridge：Harvard University Press.
Cohen I B 1999. A History of Scientific Computing. Cambridge：MIT Press.
Cohen I B, Duffin K E, Strickland S. 1990. Puritanism and the Rise of Modern Science：The Merton Thesis. New Brunswick and London：Rutgers University Press.
Cohen I B, Strelsky K. 1955. Eightieth critical bibliography of the history of science and its cultural influences. Isis, 46（2）：111-220.
Cohen I B, Woolf H, Bosson P B. 1959. Eighty-four critical bibliography of the history of science and its cultural influence. Isis, 50（3）：289-407.
Cohen I B. 1939. Reviewed work(s)：Benjamin Franklin（1706-1790）by Carl van Doren. Isis, 31（1）：91, 93.
Cohen I B. 1939. Reviewed work(s)：The mathematical work of John Wallis, D. D., F. R. S.,（1616-1703）by J. F. Scott. Isis, 30（3）：529-532.
Cohen I B. 1940. Review：Rutherford（1871-1937）, being the life and letters of the Rt. Hon, lord Rutherford, O.M. by A.S. Eve. Isis, 32（2）：372-375.
Cohen I B. 1940. Reviewed work(s)：A history of science, technology, and philosophy in the eighteenth century by A. Wolf. Isis, 31（2）：450-451.
Cohen I B. 1940. Reviewed work(s)：Galileo and the freedom of thought by F. Sherwood Taylor. Isis, 32：143-145.
Cohen I B. 1940. Reviewed work(s)：History of radio to 1926 by Gleason L. Archer. Isis, 32（1）：

210-211.

Cohen I B. 1940. Reviewed work(s)：Sparks, lightning, cosmic rays. An Anecdotal history of electricity by Dayton C. Miller. Isis, 32（2）：382-383.

Cohen I B. 1940. Reviewed work(s)：The decline of mechanism in modern physics by A. D'Abro. Isis, 32（2）：380-382.

Cohen I B. 1940. Reviewed work(s)：The structure of Aristotelian logic by James Wilkinson Miller. Isis, 31（2）：471-473.

Cohen I B. 1940. The first explanation of interference. American Journal of Physics, 8：99-106.

Cohen I B. 1941. Anquetil-Duperron, Benjamin Franklin, and Ezra Stiles. Isis, 33（1）：17-23.

Cohen I B. 1941. Reviewed work(s)：A history of geometrical methods by J. L. Coolidge. Isis, 33（3）：347-350.

Cohen I B. 1941. Reviewed work(s)：John and William Bartram, botanists and explorers by Ernest earnest . Isis, 33（4）：534-538.

Cohen I B. 1941. Reviewed Work(s)：Storia della luce by Vasco Ronchi. The history and present state of discoveries relating to vision, light, and colours by Joseph Priestley Geschichte der Optik by Emil Wilde Die Prinzipien der physikalischen Optik, historisch und erkenntnispsychologisch entwickelt（The principles of physical optics, an historical and philosophical treatment）by Ernst Mach; J. S. Anderson; A. F. A. Young Geschichte der Optik by Edmund Hoppe Les theories sur la nature de la lumiere de Descartes a nos jours et l'evolution de la theorie physique by Ch. E. Papanastassiou. Isis, 33（2）：294-296.

Cohen I B. 1942. Reviewed work(s)：A mathematician's apology by G. H. Hardy mathematics and the imagination by Edward Kasner; James Newman. Isis, 33（6）：723-725.

Cohen I B. 1942. Reviewed work(s)：International encyclopedia of unified science by Otto Neurath; Rudolf Carnap; Charles W. Morris; Niels Bohr; John Dewey; Bertrand Russell; Leonard Bloomfield; Victor F. Lenzen; Ernest Nagel; J. H. Woodger. Isis, 33（6）：721-723.

Cohen I B. 1942. Reviewed work(s)：Observaciones sobre el clima de Lima, y su influencin ea los seres organizados, en especial elhombre by Jose Hipolito Unanue. Isis, 33（5）：636-638.

Cohen I B. 1942. The compendium physicae of Charles Morton（1627-1698）. Isis, 33（6）：657-671.

Cohen I B. 1943. Franklin's experiments on heat absorption as a function of color. Isis, 345：404-407.

Cohen I B. 1943. Reviewed work(s)：Physics, the pioneer science by Lloyd William Taylor. Isis, 34（4）：378-379.

Cohen I B. 1943. Reviewed work(s)：Ploughs and politicks. Charles Read of New Jersey and his notes on Agriculture. 1715-44 by Carl Raymond Woodward. Isis, 34（3）：219-220.

Cohen I B. 1944. Reviewed work(s)：What is mathematics? by Richard Courant; Herbert Robbins. Isis, 35（3）：219-220.

Cohen I B. 1945. American physicist at war：From the revolution to the world wars. American Journal of Physics, 13：223-235.

Cohen I B. 1945. American physicists at war：From the first world war to 1942. American Journal of Physics, 13：333-346.

Cohen I B. 1946. Lissajous Figures. The Journal of the Acoustical Society of America, 17（3）：228-230.

Cohen I B. 1946. Reviewed work(s)：The Wright brothers. A biography authorized by Orville Wright by Fred C. Kelly. Isis, 36（2）：136-140.

Cohen I B. 1946. The development of aeronautics in America：a review of recent publications. Isis, 37（1/2）：58-64.

Cohen I B. 1947. Benjamin Franklin's Experiments：A New Edition of Franklin's Experiments and Observations on Electricity. Cambridge：Harvard University Press.

Cohen I B. 1947. Review：Newton demands the muse. Newton's "opticks" and the eighteenth century poets by Marjorie Hope Nicohen. Isis, 38（1/2）：115-116.

Cohen I B. 1947. Reviewed work(s)：Benjamin Silliman, 1779-1864, Pathfinder in American science by John F. Fulton; Elizabeth H. Thomson The early work of Willard Gibbs in applied mechanics, comprising the text of his hitherto unpublished Ph. D. thesis and accounts of his mechanical inventions by Willard Gibbs; Lynde Phelps Wheeler; Everett Oyler Waters; Samuel William Dudley Yale Science. The first hundred years, 1701-1801 by Louis W. McKeehan. Isis, 38(1/2)：117-119.

Cohen I B. 1947. Reviewed work(s)：History of photography by Josef Maria Eder ; Edward Epstean. history of color photography by Joseph S. Friedman. Isis, 37（1/2）：103-104.

Cohen I B. 1948. Reviewed work(s)：Einstein, his life and times by Philipp Frank; George Rosen; Shuichi Kusaka. Isis, 38（3/4）：252-253.

Cohen I B. 1948. Reviewed work(s)：History as a literary art：An appeal to young historians by Samuel Eliot Morison. Isis, 39（3）：197-198.

Cohen I B. 1948. Reviewed work(s)：Science advances by J. B. S. Haldane. Isis, 38（3/4）：255-256.

Cohen I B. 1948. Science, servant of man, a layman's primer for the age of science. Journal of the Franklin Institute, 246：525-526.

Cohen I B. 1949. Reviewed work(s)：Images or shadows of divine things by Jonathan Edwards; Perry Miller. Isis, 40（1）：60-62.

Cohen I B. 1949. Reviewed work(s)：Literary history of the United States by Robert E. Spiller; Willard Thorp; Thomas H. Johnson; Henry Seidel Canby. Isis, 40（3）：303-304.

Cohen I B. 1950. A science of history in science. Science and Education, 18（6）：343-359.

Cohen I B. 1950. Benjamin Franklin and the transit of mercury in 1753：Together with a facsimile of a little-known. Proceedings of the American Philosophical Society, 94（3）：22-232.

Cohen I B. 1950. Reviewed work(s)：Henry A. Ward [1834-1906] museum builder to America by Roswell Ward; Blake McKelvey. Isis, 41（1）：118-119.

Cohen I B. 1950. Reviewed work(s)：The autobiography of Benjamin Rush by Corner George W. ;

Benjamin Rush. Isis, 41（1）：117-118.

Cohen I B. 1950. Reviewed work(s)：The origins of modern science by Herbert Butterfield. Isis, 41（2）：231-233.

Cohen I B. 1950. Reviewed work(s)：The Winthrop family in America by Lawrence Shaw Mayo. Isis, 41（1）：127-128.

Cohen I B. 1950. Some early tools of American science. American Journal of Physics, 18（9）：583.

Cohen I B. 1950. Some early tools of American science. Journal of the Franklin Institute, 249：423-424.

Cohen I B. 1951. Guericke and dufay. Annals of Science, 7（2）：207-209.

Cohen I B. 1951. Reviewed work(s)：Albert Einstein：Philosopher-scientist by Paul Arthur Schilpp. Isis, 42（1）：76-79.

Cohen I B. 1951. Reviewed work(s)：Bergwork-und probierbuchlein by Anneliese Grunhaldt; Cyril Stanleg Smith dere metallica by Herbert Clark Hoover. Isis, 42（1）：54-56

Cohen I B. 1951. Reviewed work(s)：Histoire de la mecanique. Preface de Louis de Broglie by Rene Dugas. Isis, 42（3）：271-272.

Cohen I B. 1951. Reviewed work(s)：Ideas and men. The story of western thought by Crane Brinton English political thought in the nineteenth centur y. Isis, 42（1）：88-89.

Cohen I B. 1951. Reviewed work(s)：Sourcebook on atomic energy by Samuel Glasstone. Foundations of nuclear physics by Robert T. Beyer. The atom at work by Jacob Sacks new atoms, progress and some memories by Otto Hahn; W. Gaade . A hundred years of physics by William Wilson. Isis, 42（3）：272-273.

Cohen I B. 1952. ACM National Meeting（Pittsburgh）, ACM Press. IEEE Annals of the History of Computing, 2：26.

Cohen I B. 1952. Did Divis erect the first European protective lightning rod, and was his invention independent? Isis, 43（4）：358-364.

Cohen I B. 1952. General science in education. Journal of the Franklin Institute, 253：147, 521.

Cohen I B. 1952. Orthodoxy and scientific progress. Proceedings of the American Philosophical Society, 96（5）：505-512.

Cohen I B. 1952. Reviewed work (s)：John Ray, a bibliography by Geoffrey Keynes. A bio-bibliography of Edward Jenner, 1749-1823 by W. R. LeFanu. Isis, 43（3）：276-277.

Cohen I B. 1952. Reviewed work(s)：A century of science, 1851-1951 by Herbert Dingle . A century of technology, 1851-1951 by Percy Dunsheath. Isis, 43（4）：377-378.

Cohen I B. 1952. Reviewed work(s)：Memoirs by Benjamin Franklin; Max Farrand autobiography by Benjamin Franklin; Max Farrand. Isis, 43（4）：369-371.

Cohen I B. 1952. Reviewed work(s)：Osiris, Vol. 9 by George Sarton. Isis, 43（3）：289-290.

Cohen I B. 1952. Reviewed work(s)：The works of George Berkeley, bishop of Cloyne by A. A. Luce; T. E. Jessop. Isis, 43（4）：373-374.

Cohen I B. 1952. The two hundredth anniversary of Benjamin Franklin's two lightning experiments and the introduction. Proceedings of the American Philosophical Society, 96（3）：331-366.

Cohen I B. 1953. General education in science. American Journal of Physics, 21：147.

Cohen I B. 1953. Reviewed work(s)：*Philosophiae naturalis principia mathematica* by Isaac Newton . A new system of chemical philosophy by John Dalton. Isis, 44（3）：287-288.

Cohen I B. 1953. Reviewed work(s)：Science in western civilization：A syllabus by Henry Guerlac. Isis, 44（3）：293-295.

Cohen I B. 1954. Neglected sources for the life of Stephen Gray（1666 or 1667-1736）. Isis, 45（1）: 1-45.

Cohen I B. 1954. Reviewed Work(s)：Michael Servetus, Humanist and Martyr by John F. Fulton hunted heretic. The life and death of Michael Servetus, 1511-1553 by Roland H. Bainton Michael Servetus by Charles Donald O'Malley. Isis, 45（3）：313-314.

Cohen I B. 1954. Reviewed work(s)：Nobel Prize winners in physics, 1901-1950 by Niels H. de V. Heathcote; Nobel Prize winners in medicine and physiology, 1901-1950 by Lloyd G. Stevenson; Nobel Prize winners in chemistry, 1901-1950 by Eduard Farber. Isis, 45（4）：407-408.

Cohen I B. 1954. Reviewed work(s)：Sir Hans Sloane and the British Museum by G. R. De Beer. Sir Joseph Banks, the autocrat of the philosophers by Hector Charles Cameron. Isis, 45（2）：215-218.

Cohen I B. 1954. Some Account of the Pennsylvania Hospital. Baltimore：The John Hopkins Press.

Cohen I B. 1955. A note concerning Diderot and Franklin. Isis, 46（3）：268-272.

Cohen I B. 1955. Franklin, Boerhaave, Newton, Boyle & the Absorption of Heat in Relation to Color. Isis, 46（2）：104.

Cohen I B. 1955. Franklin, Boerhaave, Newton, Boyle & the absorption of heat in relation to color. Isis, 46（2）：9-104.

Cohen I B. 1955. Present status and needs of the history of science. Proceedings of the American Philosophical Society, 1955, 99（5）：343-347.

Cohen I B. 1956. Book reviews：Astronomical cuneiform text, science. Science, 123：66-67 .

Cohen I B. 1956. Franklin and Newton, an Inquiry into Speculative Newtonian Experimental Science. Cambridge：Harvard University Press.

Cohen I B. 1956. Reviewed work(s)：The principal works of Simon Stevin. Vol. I：General Introduction—Mechanics by Simon Stevin, E. J. Dijksterhuis, C. Dikshoorn. Isis, 47（4）：447-448.

Cohen I B. 1956. Reviewed work(s)：Traite d'optique by Isaac Newton. Isis, 47（4）：448-449.

Cohen I B. 1956. Some problems in relation to the dates of Benjamin Franklin's first letters on electricity. Proceedings of the American Philosophical Society, 100（6）：537-544.

Cohen I B. 1957. Book reviews：Franklin and his French contemporaries by Alfred O. Aldridge. The Scientific Monthly, 85（1）：48-49.

Cohen I B. 1957. George Sarton. Isis, 48（3）：286-300.

Cohen I B. 1957. Reviewed work(s)：The history of the telescope by Henry C. King. Isis, 48（3）：357-358.

Cohen I B. 1958. An introduction to the study of experimental medicine. Journal of Chronic Diseases, 7：447.

Cohen I B. 1958. Eight-third critical bibliography of the history of science and cultural influences. Isis, 49（2）：179-296.

Cohen I B. 1958. Reviewed work(s)：A history of magic and experimental science. Volumes Ⅶ and Ⅷ：The seventeenth century by Lynn Thorndike. Isis, 49（4）：453-455.

Cohen I B. 1958. Reviewed work(s)：Dictionary of American biography by Robert Livingston Schuyler; Edward T. James. Isis, 49（4）：446-447.

Cohen I B. 1958. Reviewed work(s)：The history of photography from the earliest use of the camera obscura in the eleventh century up to 1914 by Helmut Gernsheim; Alison Gernsheim. The world's first photographer by Alison Gernsheim; L. J. M. Daguerre; Helmut Gernsheim. Isis, 49（4）：449-451.

Cohen I B, Bosson P B. 1959. Eighty-fourth critical bibliography of the history of science and its cultural influences. Isis, 50（3）：289-407.

Cohen I B. 1959. Reviewed work(s)：Collected letters by Antonivan Leeuwenhoek; Committee Of Dutch Scientists. Isis, 50（3）：278-279.

Cohen I B. 1960. Newton in the light of recent scholarship. Isis, 51（4）：489-514.

Cohen I B. 1960. Reviewed work(s)：The papers of Benjamin Franklin volume 1 by Benjamin Franklin's Leonard W. Labaree. Isis, 51（2）：241-243.

Cohen I B. 1961. Reviewed work(s)：Hiatoire de science by Maurice Daumas. Isis, 52（1）：106-107.

Cohen I B. 1961. Reviewed work(s)：The correspondence of Isaac Newton. Volume I. 1661-1675 by H. W. Turnbull. Isis, 52（1）：114-115.

Cohen I B. 1962. Reviewed work(s)："Rational Fluid Mechanics, 1687-1765" by Clifford Ambrose Truesdell, III. Isis, 53（4）：532-533.

Cohen I B. 1962. Reviewed work(s)：Smithsonian treasury of science by webster P. True Isis, 53（4）：513-514.

Cohen I B. 1962. Reviewed work(s)：Unpublished papers of Isaac Newton by Isaac Newton; A. Rupert Hall; Marie Boas. Hall history of science by A. C. Crombie; M . A. Hoskin. Science, New Series, 138（16）：803-804.

Cohen I B. 1962. Smithsonian treasury of science by Webster P. True. Isis, 53（4）：513-514.

Cohen I B. 1962. The first English version of Newton's hypotheses non fingo. Isis, 53（3）：379-388.

Cohen I B. 1963. Pemberton's translation of Newton's *Principia*, with notes on Motte's translation.

Isis, 54（3）：19-351.

Cohen I B. 1964. Newton, Hooke, and "Boyle's Law"（discovered by Power and Towneley）. Nature, 204：618-621.

Cohen I B. 1964. Newton, Hooke, and Boyle's law. Isis, 14：621.

Cohen I B. 1964. Quantum in se est：Newton's concept of inertia in relation to Descartes and Lucretius. Notes and Records of the Royal Society of London, 19（2）：131-155.

Cohen I B. 1965. Isaac Newton（1643-1727）. Wanderers in the Sky,（1）：46.

Cohen I B. 1965. Reviewed work(s)：The scientific Renaissance, 1450-1630 by Marie Boas. Isis, 56（2）：240-242.

Cohen I B. 1965. The astronomical work of Galileo Galilei. Wanderers in the Sky,（1）：36.

Cohen I B. 1966. Franklin and Newton. Cambridge：Harvard University Press.

Cohen I B. 1966. Reviewed work(s)：On motion and on mechanics by Galileo Galilei; I. E. Drabkin; Le Meccaniche; Stillman Drake. Isis, 57（4）：501-504.

Cohen I B. 1967. Newton's use of "force, " or, Cajori versus Newton：A note on translations of the *Principia*. Isis, 58（2）：226-230.

Cohen I B. 1969. Newton's "System of the world"：Some textual and bibliographical notes. Physis-Riv. Internaz. Storia Sci, 11（1-4）：152-166.

Cohen I B. 1972. A cumulative critical bibliography of the history of science：A report to the history of science society. Isis, 63（3）：388-392.

Cohen I B. 1972. Introduction to Newton's "*Principia*". American Journal of Physics, 40：1712-1713.

Cohen I B, Chandler P. 1976. Isaac Newton's Theory of the Moon's Motion（1702）. Isis, 67（4）：638-639.

Cohen I B. 1976. Isaac Newton's *philosophiae naturalis mathematica*. Historia Mathematica, 3：237-243.

Cohen I B. 1976. Review of publications—Isaac Newton's theory of the moon's motion. Journal of the Royal Astronomical Society of Canada, 70：146.

Cohen I B. 1976. Reviewed work(s)：Marginalia in Newtoni *Principia Mathematica* 1687 by G. W. Leibniz; E. A. Fellmann. Isis, 67（3）：488-489.

Cohen I B. 1976. Reviewed work(s)：The library of James Logan of Philadelphia 1674-1751 by Edwin Wolf. Isis, 67（4）：646-648.

Cohen I B. 1976. Session5：Newtonian astronomy：The steps toward universal gravitation. Vistas in Astronomy, 20：85-98.

Cohen I B. 1976. The eighteenth-century origins of the concept of scientific revolution. Journal of the History of Ideas, 37（2）：257-288.

Cohen I B. 1977. Newtonian astronomy. Vistas in Astronomy, 20：85-98.

Cohen I B. 1977. Reviewed work(s)：Selected papers of great American physicists：The bicentennial commemorative volume of the American physical society 1976. Isis, 68（4）：610-615.

Cohen I B. 1977. Selected papers of great American physicists：The bicentennial commemorative volume of the American physical society 1976. American Journal of Physics, 45（9）：883-884.

Cohen I B. 1978. Isaac Newton's Papers & Letters on Natural Philosophy and Related Documents. Cambridge：Harvard University Press.

Cohen I B. 1979. Commemoration & memorials：Isaac Newton 1727-1977. Vistas in Astronomy, 33：381-394.

Cohen I B. 1980. Album of Science：From Leonardo to Lavoisier, 1450-1800. New York：Charles Scribner.

Cohen I B. 1980. Aspects of Astronomy in America in the Nineteenth Century. New York：Arno Press.

Cohen I B. 1980. Cotton Mather and American Science and Medicine：With Studies and Documents Concerning the Introduction of Inoculation or Variolation. New York：Arno Press.

Cohen I B. 1980. Reviewed work(s)：Roemer etla vitessede la lumiere：Paris 16 et 17 juin 1976 by centre national de la recherche scientifique. Isis, 71（3）：513-514.

Cohen I B. 1980. The Career of William Beaumont and the Reception of His Discovery. Seattle：Ayer Co Pub.

Cohen I B. 1980. The Life and Scientific and Medical Career of Benjamin Waterhouse：With Some Account of the Introduction of Vaccination in America. New York：Arno Press.

Cohen I B. 1980. The Newtonian Revolution：With Illustrations of the Transformation of Scientific Ideas. Cambridge：The Press Syndicate of the University of Cambridge.

Cohen I B. 1980. Thomas Jefferson and the Sciences. Seattle：Ayer Co Pub.

Cohen I B. 1981. Critical problem in the history of science. Isis, 72（2）：267-283.

Cohen I B. 1981. Current books. Isis, 72（3）：480-489.

Cohen I B. 1981. Studies on William Harvey. New York：Arno Press.

Cohen I B. 1981. The fear and distrust of science in historical perspective. Science, Technology and Human Values, 6（6）：20-24.

Cohen I B. 1981. The Mechanical Philosophy and the "Animal Oeconomy" . New York：Arno Press.

Cohen I B. 1982. Newton's copy of Leibniz's theodicee：With some remarks on the turned-down pages of books in Newton's library. Isis, 73（3）：410-414.

Cohen I B. 1982. Uncovering discovery. Nature , 297（5863）：248.

Cohen I B. 1983. A scientist in American society. Nature, 301（5897）：270.

Cohen I B. 1984. A Harvard Education. Isis, 75（1）：14.

Cohen I B. 1985. Birth of A New Physics. New York：W.W. Norton.

Cohen I B. 1985. Transformation and tradition in the sciences. The Quarterly Review of Biology,

60（4）：484-485.

Cohen I B. 1986. Transformation and tradition in the sciences. The English Historical Review, 102（405）：1097.

Cohen I B. 1987. Alexandre Koyré in America：Some personal reminiscences. History and Technology,（4）：55-70.

Cohen I B. 1987. Faraday and Franklin's "newborn baby" . Proceedings of the American Philosophical Society, 131（2）：177-182.

Cohen I B. 1987. New world of knowledge. Nature, 329：209-210.

Cohen I B. 1987. Newton's third law and universal gravity. Journal of the History of Ideas, 48（4）：571-593.

Cohen I B. 1988. Babbage and Aiken：With notes on Henry Babbage's gift to Harvard, and to other institutions, of a portion of his father's difference engine. IEEE Annals of the History of Computing, 10（3）：171-193.

Cohen I B. 1988. Revolution in science. History of European Ideas, 9：717-720.

Cohen I B. 1988. The Newtonian scientific revolution and its intellectual significance. Applied Optics, 27（16）：3307-3309.

Cohen I B. 1990. Benjamin Franklin's Science. Cambridge：Harvard University Press.

Cohen I B. 1990. Reviewed work(s)：Eloge：Dorothy Stimson, 10 October 1890-19 September 1988. Isis, 2（81）：277-278.

Cohen I B. 1990. Reviewed work(s)：Osiris：A research journal devoted to the history of science and its cultural in fluences by Arnold Thackray. Isis, 81（2）：288-289.

Cohen I B. 1992. Reviewed work(s)：The preliminary manuscripts for Isaac Newton's *Principia*, 1684-1685 by Isaac Newton. Isis, 83（1）：135-136.

Cohen I B. 1993. A sense of history in science. Science and Education, 2：276.

Cohen I B. 1993. Newton's description of the reflecting telescope, notes and records roy. Notes and Records of the Royal Society of London, 47（1）：1-9.

Cohen I B. 1993. Science and education sense of history in science. Isis, 2：251-277.

Cohen I B. 1994. Happenings. IEEE Annals of the History of Computing, 16（2）：3.

Cohen I B. 1994. Harrington and Harvey：A theory of the state based on the new physiology. Journal of the History of Ideas, 55（2）：187-210.

Cohen I B. 1994. Interactions：Some Contacts Between the Natural Sciences and the Social Sciences. Hague：Kluwer Academic Publishers.

Cohen I B. 1995. Newton：Texts, Backgrounds, Commentaries. Cambridge：Cambridge University Press.

Cohen I B. 1995. Science and the Founding Father—Science in the Political Thought of Jefferson, Franklin, Adams, and Madison. Cambridge：W.W. Norton & Company.

Cohen I B. 1998. Howard Aiken on the number of computers needed for the nation. IEEE Annals of the History of Computing, 20（3）：27-32.

Cohen I B. 1999. Makin'Numbers：Howard Aiken and the Computer. Cambridge：MIT Press.

Cohen I B. 1999. Newton, The *Principia*：Mathematical Principles of Natural Philosophy. Oakland：University of California Press.

Cohen I B. 1999. The Isis crises and the coming of age of the history of science society. Isis, 90：28-42.

Cohen I B. 2000. Howard Aiken：portrait of a computer pioneer. Cambridge：MIT Press.

Cohen I B. 2000. Reviewed work(s)：Edmond Halley：Charting the heavens and the Seas by Alan Look. Isis, 91（4）：780-781.

Cohen I B. 2000. The First Computers：History and Architectures. Cambridge：MIT Press.

Cohen I B. 2001, Buchwald J Z, Dibner Institute, 2001. Isaac Newton's Natural Philosophy. Cambridge：MIT Press.

Cohen I B. 2002. Spectrum of Belief：Joseph von Frauenhofer and the craft of precision optics. American Journal of Physics, 70（5）：559-560.

Cohen I B. 2002. Wes Sharrock and Rupert Read, Kuhn：Philosopher of Scientific Revolution. Malden：Blackwell Publishers Inc.

Cohen I B. 2004. The *Principia*：Mathematical principles of natural philosophy. Studies in History and Philosophy of Science, 35：665-680.

Cohen I B. 2006. The Triumph of Numbers：How Counting Shaped Modern Life. Cambridge: W. W. Norton & Company.

Cohen I B. Archibald R C, Sarton G . 1944. Notes and correspondence. Isis, 35：333.

Cohen I B. Smith G E. 2002. The Cambridge Companion to Newton. Cambridge：Cambridge University Press.

Cohen I B. 1981. Critical problem in the history of science. Isis, 72（2）：267-283.

Collingwood R G. 1980. The Idea of History. Oxford：Oxford University Press.

Crombie A C. 1986. Experimental sciences and the rational artist in early modern Europe. Daedalus, 115（3）：49-74.

Crombie C. 1963. Scientific Change. London：Heinemann.

Durbin P T, Thackray A. 1980. History of science// Durbin Paul. A Guide to the Culture of Science, Technology, and Medicine. New York：The Free Press：3-69.

Frank P. 1955. The variety of reasons for the acceptance of scientific theories. Scientific Monthly,（80）：107-111.

Gillispie C C. 1980. History of science losting its science. Science, 207（3）：389.

Hall A R. 1969. Can the history of science be history. British Journal for the History of Science,（4）：207-220.

Hall A R. 1987. Alexandre Koyré and the scientific revolution. History and Technology,（4）：485-495.

Hartner W, Cohen I B. 1951. Reviewed work(s)：Goethe. Dichtung, Wissenschaft, Weltbild by Karl Vietor Goethe the poet. Goethe the Thinker by Karl Vietor; Moses Hadas; Bayard Q. Morgan. Isis, 42（2）：156-157.

Hesse M B. 1960. Gilbert and historians. British Journal for the Philosophy of Science,（11）：131-142.

Koyré A. 1950. Newton tercentenary celebrations 15-19 July 1946. Isis, 41（1）：114-116.

Kuhn T S. 1970. Alexandre Koyré and the history of science：On an intellectual revolution. Encounter,（1）：67-79.

Mendelsohn E. 1984. Transformation and Tradition：Essays in Honor of I. Bernard Cohen. Cambridge：Cambridge University Press.

Oiby R C, Cantor G N, Christie J R R, et al. 1990. Companion to the History of Modern Science. London：Routledge.

Porter R. 1986. Revolution in History. Cambridge：Cambridge University Press.

Potier B. 2003. History of science scholar I Bernard Cohen dies at 89：A Harvard man from undergraduate to emeritus. http: //www. news. harvard. edu/gazette/2003/07. 17/09–cohen. html［2009-12–10］.

Rosenberg C. 1988. Woods or trees?Ideas and actors in the history of science. Isis, 79：565-570.

Rousseau GS. 1986. Revolution in science. Journal of Social and Biological Systems, 9（6）：289-294.

Sailor D C. 1964. Mosrs and atomism. Journal of the History of Ideas，25：3-16.

Sarton G. An Introduction to the History of Science. Baltimore：Williams and Wilkins.

Shapin S. 1992. Discipline and bounding：The history and sociology of science as seen through the externatism-internation debate. History of Science, 30：333-370.

Williams L P. 1975. Should philosophers be allowed to write history? British Journal for the Philosophy of Science,（26）：241-253.

Zeitlin J, Neville RG, Cohen I B, et al. 1959. Notes & correspondence. Isis, 50：333.

附　录

该部分是对科恩相关资料的完整收集与整理，是本书研究的基础。一方面为定性与定量研究科恩提供了原始性材料，另一方面为科恩的后续研究提供了丰富而完整的史料。

附录一是科恩的大事年表，展现了科恩作为科学史学家、活动家的形成与发展过程。通过大事年表展现科恩对科学史的贡献。附录二是科恩发表的论著和书评，为进一步研究科恩提供了原料性材料。作为科学史学家，科恩对科学史的贡献主要体现在他的著作、论文和书评中。附录三是他人对科恩著作的评论，展现了科恩著作对其他科学史学家和科学史的影响。附录四是国外研究科恩的论著，为读者了解和认识科恩的科学史思想与方法提供了参考。附录五是科恩著作的中译本。代表性论著是当前国内科学史研究的前辈们引进的科学史经典著作系列之一，为研究科恩的科学编史思想提供了中文资料。附录六是国内研究科恩的论文，展示了科恩的科学史思想与方法对我国科学史、科学、哲学、社会学和政治学领域所带来的广泛而深刻的影响。

附录一　科恩的大事年表

1914 年，科恩出生于美国纽约长岛。

1929 年，科恩 15 岁，毕业于哥伦比亚语言学校。

1929 ～ 1933 年，科恩曾两度成为纽约大学的新生，时间都不长，后在福吉谷军事学院学习兽医学。

1933 年，科恩在哈佛大学求学。

1937 年，科恩在哈佛大学取得数学方面的理学学士学位，并成为萨顿仅有的两位科学史博士之一。

1942 年，科恩开始在哈佛大学任教，是作为萨顿的助教，并没有成为哈佛大学的正式教员。

1946 年，科恩为哈佛大学的本科生和研究生开设科学史课程。

1947 年，由于战争的原因，科恩才获科学史的博士学位，并且是美国本土培养的第一位科学史博士。博士毕业后科恩正式成为哈佛大学科学史教学与研究人员，并直到退休。同年，科恩出版了他的博士学位论文《本杰明·富兰克林在电学方面的实验与观察》。

1947 ～ 1952 年，科恩担任 *Isis* 常务编辑，协助萨顿工作。

1948 年，科恩开始带研究生。他的学生有伊斯兰哲学家纳斯尔、巴克内尔大学教授韦尔布吕热和狄博斯等。

1953 ～ 1958 年，科恩担任 *Isis* 第二任主编。

1957 年，科恩在英国大学里作讲师，后作为访问者访问过丘吉尔大学和剑桥大学。

1959 年，科恩取得教授资格。

1961 ～ 1962 年，科恩担任美国科学史和科学哲学协会主席。

1961 ～ 1968 年，科恩担任国际科学史和科学哲学联合会第一任副会长。

1966 年，科恩在哈佛大学建立了美国第一个科学史系。

20 世纪 60 ～ 70 年代，科恩参加了哈佛大学关于科学与公共政治的研讨班，这导致他对自然科学提供给社会科学和行为科学的模式和概念的方式产生兴趣，这也促使他研究自然科学与社会科学的关系问题。

1986 年，科恩因《科学中的革命》获得了普利策图书奖。

1968 ～ 1971 年，科恩担任国际科学史和科学哲学联合会会长，并担任过美国历史学会主席等职务。

1974 年，科恩荣获科学史的最高奖——萨顿奖。

1977 年，科恩成为哈佛大学科学史系维克多·托马斯教席的终身教授。他是哈佛大学肯尼迪政府学院科技政策项目的创始人之一。

1984 年，科恩退休。

1984 ～ 2000 年，科恩仍在哈佛大学为大学生们开设科学史课程及专题讨论，一直持续到 2000 年。在此期间，他曾在布兰代斯大学担任科学史伯尔尼迪布纳主席，曾是波士顿大学哲学系兼职教授。

1997 年，科恩获得了乔治·华盛顿大学的荣誉博士学位。

1998 年，科恩获哈佛大学艺术与科学研究生院百年奖章。

2003 年 6 月 20 日，科恩逝世于他马萨诸塞州沃尔瑟姆的家，享年 89 岁。

附录二　科恩的著作、论文和书评

一、科恩的著作

Bell R B, Clagett M, Cohen I B, et al. 1999. David Hartley on Human Nature. New York：State University of New york Press.

Cohen I B. 1947. Benjamin Franklin's Experiments：A New Edition of Franklin's Experiments and Observations on Electricity. Cambridge：Harvard University Press.

Cohen I B. 1948. Science Servant of Man, a Layman's Primer for the Age of Science. Cambridge：Harvard University Press.

Cohen I B. 1950. Some Early Tools of American Science. Cambridge：Harvard University Press.

Cohen I B Fletcher-Watson. 1952. General Science in Education. Cambridge：Harvard University Press.

Cohen I B, Franklin, Newton. 1956. Franklin and Newton, an Inquiry into Speculative Newtonian Experimental Science. Cambridge：Harvard University Press.

Cohen I B. 1961. Science and American Society in the First Century of the Republic. Cambridge：Harvard University Press.

Cohen I B. 1966. Franklin and Newton. Cambridge：Harvard University Press.

Cohen I B. 1971. Introduction to Isaac Newtonus *principia*. Cambridge：Harvard University Press.

Cohen I B. 1975. Isaac Newton's Theory of the Moon's Motion. Cambridge：Harvard University Press.

Cohen I B. 1980. The Life and Scientific and Medical Career of Benjamin Waterhouse：With Some Account of the Introduction of Vaccination in America. Florida：Arno Press.

Cohen I B. 1980. The Newtonian Revolution：With Illustrations of the Transformation of Scientific Ideas. Cambridge：The Press Syndicate of the University of Cambridge.

Cohen I B. 1980. Album of Science：From Leonardo to Lavoisier, 1450-1800. New York：Charles Scribner.

Cohen I B. 1980. Aspects of Astronomy in America in the Nineteenth Century. Florida：Arno Press.

Cohen I B. 1980. The Career of William Beaumont and the Reception of His Discovery. Seattle：Ayer Co Pub.

Cohen I B. 1980. Cotton Mather and American Science and Medicine：With Studies and Documents Concerning the Introduction of Inoculation or Variolation. Florida：Arno Press.

Cohen I B. 1980. Thomas Jefferson and the Sciences. Seattle：Ayer Co Pub.

Cohen I B, Brown T L. 1981. Studies on William Harvey. Florida：Arno Press.

Cohen I B. 1981. The Mechanical Philosophy and the "Animal Oeconomy" . Florida：Arno Press.

Cohen I B, Brown T L. 1983. The Newtonian Revolution：With Illustrations of the Transformation of Scientific Ideas. Cambridge：Harvard University Press .

Cohen I B. 1985. Revolution in Science. Cambridge：Harvard University Press.

Cohen I B. 1985. The Birth of a New Physics. New York：W. W. Norton & Compary, Cambridge：Harvard University Press.

Cohen I B, Duffin K E, Strickland S. 1990. Puritanism and the Rise of Modern Science：The Merton Thesis. New Brunswick：Rutgers University Press.

Cohen I B. 1990. Benjamin Franklin's Science. Cambridge：Harvard University Press.

Cohen I B. 1994. Interactions：Some Contacts Between the Natural Sciences and the Social Sciences. Cambridge：MIT Press.

Cohen I B. 1994. The Natural Sciences and the Social Sciences：Some Critical and Historical Perspectives. Hague：Kluwer Academic Publishers.

Cohen I B. 1995. Science and the Founding Fathers：Science in the Political Thought of Jefferson, Franklin, Adams. Cambridge：W. W. Norton & Company.

Cohen I B, Westfall R S. 1995. Newton：Texts, Backgrounds, Commentaries. Cambridge：Cambridge University Press.

Cohen I B, Welch G W, Campbell R VD. 1999. Makin'Numbers：Howard Aiken and the Computer. Cambridge：MIT Press.

Cohen I B. 1999. A History of Scientific Computing. Cambridge：MIT Press.

Cohen I B. 2000. Howard Aiken：Portrait of a Computer Pioneer. Cambridge：MIT Press.

Cohen I B. 2000. Howard Aiken and the Dawn of the Computer Age. Cambridge：MIT Press.

Cohen I B. 2000. The First Computers：History and Architectures. Cambridge：MIT Press.

Cohen I B, Buchwald J Z, Dibner Institute, 2001. Isaac Newton's Natural Philosophy. Cambridge：MIT Press.

Cohen I B, Smith G E. 2002. The Cambridge Companion to Newton. Cambridge：Cambridge University Press.

Cohen I B. 2006. The Triumph of Numbers：How Counting Shaped Modern Life. Cambridge：W.W. Norton & Company.

Eames C, Cohen I B, Eames R. 1973. A Computer Perspective. Cambridge：Harvard University Press.

Franklin B, Cohen I B. 1998. Experiments and Observations on Electricity by Franklin. Cambridge：Harvard University Press.

Franklin B, Cohen I B. 1954. Some Account of the Pennsylvania Hospital. Baltimore：The John Hopkins Press.

Kayré A, Cohen I B. 1972. The *Principia*：Mathematical Principles of Natural Philosophy. Cambridge：Harvard University Press.

Newton, Cohen I B. 1999. The *Principia*：Mathematical Principles of Natural Philosophy. Oakland：University of California Press.

Newton I, Cohen I B, Schofield R E. 1978. Isaac Newton's Papers & Letters on Natural Philosophy and Related Documents. Cambridge：Harvard University Press.

二、科恩的论文

Archibald R C, Cohen I B. Sarton G 1944. Notes and correspondence. Isis, 35：333.

Cohen I B. 1940. The first explanation of interference. American Journal of Physics, 8：99-106.

Cohen I B. 1941. Anquetil–Duperron, Benjamin Franklin, and Ezra stiles. Isis, 33（1）：17-23.

Cohen I B. 1942. The compendium physicae of Charles Morton（1627-1698）. Isis, 33（6）：657-671.

Cohen I B. 1943. Franklin's experiments on heat absorption as a function of color. Isis, 34（5）：404-407

Cohen I B. 1945. American physicists at war：From the revolution to the world wars. American Journal of Physics, 13：223-235.

Cohen I B. 1945. American physicists at war：From the first world war to 1942. American Journal of Physics, 13：333-346.

Cohen I B. 1946. Lissajous Figures. The Journal of the Acoustical Society of America, 17（3）：228-230.

Cohen I B. 1947. The development of aeronautics in America：A review of recent publications. Isis, 37（1/2）：58-64.

Cohen I B. 1948. Roemer and fahrenheit. Isis, 39：56.

Cohen I B. 1950. A science of history in science. Science and Education, 18（6）：343-359.

Cohen I B. 1950. Benjamin Franklin and the transit of mercury in 1753：Together with a facsimile of a little-known. Proceedings of the American Philosophical Society, 94（3）：222-232.

Cohen I B. 1951. Guericke and Dufay. Annals of Science, 7（2）：207-209.

Cohen I B. 1952. ACM National Meeting（Pittsburgh）, ACM Press. IEEE Annals of the History of Computing, 2：26.

Cohen I B. 1952. The two hundredth anniversary of Benjamin Franklin's two lightning experiments and the introduction. Proceedings of the American Philosophical Society, 96（3）：331-366.

Cohen I B. 1952. Orthodoxy and scientific progress. Proceedings of the American Philosophical Society, 96（5）：505-512.

Cohen I B, Schofield R. 1952. Did Divis erect the first European protective lightning rod, and was his invention independent? Isis, 43（4）：358-364.

Cohen I B. 1955. Neglected sources for the life of Stephen Gray（1666 or 1667-1736）. Isis, 45（1）: 41-50.

Cohen I B. 1955. A note concerning Diderot and Franklin. Isis, 46（3）：268-272.

Cohen I B. 1955. Eightieth critical bibliography of the history of science and its cultural influences. Isis, 46：111.

Cohen I B. 1955. Franklin, Boerhaave, Newton, Boyle & the absorption of heat in relation to color. Isis, 46（2）：99-104.

Cohen I B. 1955. Present status and needs of the history of science. Proceedings of the American Philosophical Society, 99（5）：343-347.

Cohen I B. 1956. Some problems in relation to the dates of Benjamin Franklin's first letters on electricity. Proceedings of the American Philosophical Society, 100（6）：537-544.

Clagett M, Cohen I B, Brabkin I E, et al. 1956. George Sarton 1884-1956. Isis, 47（2）：99-100.

Cohen I B. 1957. Eighty-second critical bibliography of the history of science and its cultural influences. Isis, 47：247.

Cohen I B. 1957. The eighth international congress of the history of science Florence–Milan, 3-9 September. Isis, 48（2）：176-181.

Cohen I B. 1957. George Sarton. Isis, 48（3）：286-300.

Cohen I B. 1958. Eight-third critical bibliography of the history of science and cultural influences. Isis, 49（2）：179-296.

Cohen I B, Bosson P B. 1959. Eighty-fourth critical bibliography of the history of science and its cultural influences. Isis, 50（3）：289-407.

Cohen I B. 1960. Newton in the light of recent scholarship. Isis, 51（4）：489-514.

Cohen I B. 1962. The first English version of Newton's hypotheses non fingo. Isis, 53（3）：379-388.

Cohen I B. 1962. Smithsonian treasury of science by Webster P. True. Isis, 53（4）：513-514.

Cohen I B,Pemberton H. 1963. Pemberton's translation of Nawton's *Principia*, with notes on Motte's translation. Isis, 54（3）：319-351.

Cohen I B. 1964. Quantum in se est：Newton's concept of inertia in relation to Descartes and Lucretius. Notes and Records of the Royal Society of London, 19（2）：131-155.

Cohen I B. 1964. Newton, Hooke, and "Boyle's Law"（discovered by Power and Towneley）. Nature, 204（14）：618-621.

Cohen I B. 1965. Isaac Newton（1643-1727）. Wanderers in the Sky,（1）：46.

Cohen I B. 1965. The astronomical work of galileo galilei. Wanderers in the Sky,（1）：36.

Clagett M, Cohen I B. 1966. Alexandre Koyré（1892-1964）：Commemoration. Isis, 57（2）：157-166.

Cohen I B. 1967. Newton's use of "force," or, Cajori versus Newton：A note on translations of the *Principia*. Isis, 1967, 58（2）：226-230.

Cohen I B. 1969. Newton's "system of the world"：Some textual and bibliographical notes. Physis–Riv. Internaz. Storia Sci, 11（1-4）：152-166.

Cohen I B. 1972. A cumulative critical bibliography of the history of science：A report to the history of science. Isis, 63（3）：388-392.

Cohen I B. 1976. Session 5：Newtonian astronomy：The steps toward universal gravitation. Vistas in Astronomy, 20：85-98.

Cohen I B. 1976. The eighteenth-century origins of the concept of scientific revolution. Journal of the History of Ideas, 37（2）：257-288.

Cohen I B. 1976. Science and the growth of the American republic. The Review of Politics, 38（3）：359-398.

Cohen I B. 1977. Selected papers of great American physicists：The bicentennial commemorative volume of the American physical society 1976. American Journal of Physics, 45（9）：883-884.

Cohen I B. 1977. Newtonian astronomy. Vistas in Astronomy, 20：85-98.

Cohen I B. 1977. Award of the 1976 Sarton Medal to Bern Dibner. Isis, 68（4）：610-615.

Cohen I B. 1978. Notes on Newton in the art and architecture of the Enlightenment. Vistas in Astronomy, 22（4）：523-537.

Cohen I B. 1979. Commemoration & memorials：Isaac Newton 1727-1977. Vistas in Astronomy, 22：381-394.

Cohen I B. 1981. Adre Koyré in America：Some personal reminiscences. History and Technology,（4）：5-70.

Cohen I B. 1981. The fear and distrust of science in historical perspective. Science, Technology, and Human Values, 6（6）：20-24.

Cohen I B. 1981. Critical problem in the history of science. Isis, 72（2）：267-283.

Cohen I B. 1982. Newton's copy of Leibniz's theodicee：With some remarks on the turned-down pages of books in Newton's library. Isis, 73（3）：410-414.

Cohen I B. 1983. Eloges：Willy Hartner, 22 January 1905-16 May 1981. Isis, 74（1）：86-87.

Cohen I B. 1984. A Harvard education. Isis, 75（1）：13-21.

Cohen I B. 1987. Faraday and Franklin's "newborn baby" . Proceedings of the American Philosophical Society, 131（2）：177-182.

Cohen I B. 1987. Newton's third law and universal gravity. Journal of the History of Ideas, 48（4）：571-593.

Cohen I B. 1987. Alexandre Koyré in America：Some personal reminiscences. History and Technology,（4）：55-70.

Cohen I B. 1988. Babbage and Aiken：With notes on Henry Babbage's gift to Harvard, and to other institutions, of a portion of his father's difference engine. IEEE Annals of the History of Computing, 10（3）：171-193.

Cohen I B. 1988. The publication of science, technology and society：Circumstances and consequences. Isis, 79：571-582.

Cohen I B. 1988. The Newtonian scientific revolution and its intellectual significance. Applied Optics, 27（16）：3307-3309.

Cohen I B. 1992. Kepler's century：Prelude to Newton's. Vistas in Astronomy, 1：1-34.

Cohen I B. 1993. Science and education sense of history in science. Isis, 2：251-277.

Cohen I B. 1993. A sense of history in science. Science and Education, 2：276.

Cohen I B. 1993. Newton's description of the reflecting telescope, notes and records roy. Notes and Records of the Royal Society of London, 47（1）：1-9.

Cohen I B. 1994. Harring and Harvey：A theory of the state based on the new physiology. Journal of the History of Ideas, 55（2）：187-210.

Cohen I B. 1994. Happenings. IEEE Annals of the History of Computing, 16（2）：53.

Cohen I B. 1998. Howard Aiken on the number of computers needed for the nation. IEEE Annals of the History of Computing, 20（3）：27-32.

Cohen I B. 1998. Newton's determination of the masses and densities of the Sun, Jupiter, Saturn, and the Earth. Archive for History of Exact Science，53（1）：83-95.

Cohen I B. 1999. The Isis crises and the coming of age of the history of science society. Isis, 90：s28–s41.

Cohen I B. 2000. Howard H. Aiken and the computer. Isis, 91（2）：405-406.

Cohen I B. 2000. The impact of science on society. Science Teacher, 67（1）：25.

Cohen I B. 2001. Eloge：Clifford Truesdell, 1919-2000. Isis, 92：123-125.

Drake S, Cohen I B. 1958. Queries & answers. Isis, 49（2）：172.

Koyré A, Cohen I B. 1961. The case of the missing tanquam：Leibniz, Newton & Clarke. Isis, 52（4）：555-566.

Koyré A, Cohen I B, Drake S, et al. 1960. Notes & correspondence. Isis, 51（3）：337-342.

Romer M, Cohen I B. 1940. Roemer and the first determination of the velocity of light（1676）. Isis, 31（2）：327-379.

Zeitlin J, Neville RG, Cohen I B, et al. 1959. Notes & correspondence. Isis, 50：333.

三、科恩撰写的书评

Cohen I B. 1939. Reviewed work(s)：The mathematical work of John Wallis, D. D., F. R. S.,（1616-1703）by J. F. Scott. Isis, 30（3）：529-532.

Cohen I B. 1939. Reviewed work(s)：Benjamin Franklin（1706-1790）by Carl van Doren. Isis, 31（1）：91.

Cohen I B. 1940. Reviewed work(s)：A history of science, technology, and philosophy in the eighteenth century by A. Wolf. Isis, 31（2）：450-451.

Cohen I B. 1940. Reviewed work(s)：The structure of Aristotelian logic by James Wilkinson Miller. Isis, 31（2）：471-473.

Cohen I B. 1940. Reviewed work(s)：Galileo and the freedom of thought by F. Sherwood Taylor. Isis, 32：143-145.

Cohen I B. 1940. Reviewed work(s)：History of radio to 1926 by Gleason L. Archer. Isis, 32（1）：

210-211.

Cohen I B. 1940. Reviewed work(s)：Rutherford（1871-1937），being the life and letters of the Rt. Hon. Lord Rutherford, O.M. by A. S. Eve. Isis, 32（2）：372-375.

Cohen I B. 1940. Reviewed work(s)：The decline of mechanism in modern physics by A. D'Abro. Isis, 32（2）：380-382.

Cohen I B. 1940. Reviewed work(s)：Sparks, lightning, cosmic rays. An Anecdotal history of electricity by Dayton C. Miller. Isis, 32（2）：382-383.

Cohen I B. 1941. Reviewed work(s)：The growth of science. An outline history by A. P. Rossiter. The march of mind. A short history of science by F. Sherwood Taylor. A short history of science by W. T. Sedgwick; H. W. Tyler; R. P. Bigelow. Science since 1500. A short history of mathematics, physics, chemistry, biology by H. T. Pledge. Isis, 33（1）：74-79.

Cohen I B. 1941. Reviewed work(s)：The photismi de lumine of maurolycus. A chapter in late medieval optics by Henry Crew. Isis, 33（2）：251-253.

Cohen I B. 1941. Reviewed work(s)：The development of mathematics by E. T. Bell. Isis, 33（2）：291-293.

Cohen I B. 1941. Reviewed Work(s)：Storia della luce by Vasco Ronchi. The history and present state of discoveries relating to vision, light, and colours by Joseph Priestley Geschichte der Optik by Emil Wilde Die Prinzipien der physikalischen Optik, historisch und erkenntnispsychologisch entwickelt（The principles of physical optics, an historical and philosophical treatment）by Ernst Mach; J. S. Anderson; A. F. A. Young Geschichte der Optik by Edmund Hoppe Les theories sur la nature de la lumiere de Descartes a nos jours et l'evolution de la theorie physique by Ch. E. Papanastassiou. Isis, 33（2）：294-296.

Cohen I B. 1941. Reviewed work(s)：A history of geometrical methods by J. L. Coolidge. Isis, 33（3）：347-350.

Cohen I B. 1941. Reviewed work(s)：John and William Bartram, botanists and explorers by Ernest earnest . Isis, 33（4）：534-538.

Cohen I B. 1942. Reviewed work(s)：Observaciones sobre el clima de Lima, y su influencin ea los seres organizados, en especial elhombre by Jose Hipolito Unanue. Isis, 33（5）：636-638.

Cohen I B. 1942. Reviewed work(s)：International encyclopedia of unified science by Otto Neurath; Rudolf Carnap; Charles W. Morris; Niels Bohr; John Dewey; Bertrand Russell; Leonard Bloomfield; Victor F. Lenzen; Ernest Nagel; J. H. Woodger. Isis, 33（6）：721-723.

Cohen I B. 1942. Reviewed work(s)：A mathematician's apology by G. H. Hardy mathematics and the imagination by Edward Kasner; James Newman. Isis, 33（6）：723-725.

Cohen I B. 1943. Reviewed work(s)：Ploughs and politicks. Charles Read of New Jersey and his notes on Agriculture. 1715-44 by Carl Raymond Woodward. Isis, 34（3）：219-220.

Cohen I B. 1943. Reviewed work(s)：Physics, the pioneer science by Lloyd William Taylor. Isis, 34（4）：378-379.

Cohen I B. 1943. Franklin's experiments on heat absorption as a function of color. Isis, 34（5）: 404-407.

Cohen I B. 1944. Reviewed work(s): What is mathematics? by Richard Courant; Herbert Robbins. Isis, 35（3）: 219-220.

Cohen I B. 1946. Reviewed work(s): The Wright brothers. A biography authorized by Orville Wright by Fred C. Kelly. Isis, 36（2）: 136-140.

Cohen I B. 1946. Reviewed work(s): Diary of a journey through the Carolinas, Georgia, and Florida, from July 1, 1765, to April 10, 1766 by John Bartram travels in Georgia and Florida, 1773-74, a report to Dr. John Fothergill by William Bartram. Isis, 36（3/4）: 257-259.

Cohen I B. 1947. Reviewed work(s): A Benjamin Franklin reader by Nathan G. Goodman Benjamin Franklin's autobiographical writings by Carl van Doren. Isis, 37（1/2）: 85-86.

Cohen I B. 1947. Reviewed work(s): Lavoisier y la formacion de la teoria quimica moderna by Aldo Mieli. Isis, 37（1/2）: 86-87.

Cohen I B. 1947. Reviewed work(s): History of photography by Josef Maria Eder ; Edward Epstean. history of color photography by Joseph S. Friedman. Isis, 37（1/2）: 103-104.

Cohen I B. 1947. Reviewed work(s): Newton demands the muse. Newton's "opticks" and the eighteenth century poets by Marjorie Hope Nicolson. Isis, 38（1/2）: 115-116.

Cohen I B. 1947. Reviewed work(s): Benjamin Silliman, 1779-1864, Pathfinder in American science by John F. Fulton; Elizabeth H. Thomson The early work of Willard Gibbs in applied mechanics, comprising the text of his hitherto unpublished Ph. D. thesis and accounts of his mechanical inventions by Willard Gibbs; Lynde Phelps Wheeler; Everett Oyler Waters; Samuel William Dudley Yale Science. The first hundred years, 1701-1801 by Louis W. McKeehan. Isis, 38（1/2）: 117-119.

Cohen I B. 1948. Reviewed work(s): Einstein, his life and times by Philipp Frank; George Rosen; Shuichi Kusaka. Isis, 38（3/4）: 252-253.

Cohen I B. 1948. Reviewed work(s): Science advances by J. B. S. Haldane. Isis, 38（3/4）: 255-256.

Cohen I B. 1948. Reviewed work(s): History as a literary art: An appeal to young historians by Samuel Eliot Morison. Isis, 39（3）: 197-198.

Cohen I B. 1949. Reviewed work(s): Images or shadows of divine things by Jonathan Edwards; Perry Miller. Isis, 40（1）: 60-62.

Cohen I B. 1949. Reviewed work(s): Literary history of the United States by Robert E. Spiller; Willard Thorp; Thomas H. Johnson; Henry Seidel Canby. Isis, 40（3）: 303-304.

Cohen I B. 1950. Reviewed work(s): The autobiography of Benjamin Rush by Corner George W. ; Benjamin Rush. Isis, 41（1）: 117-118.

Cohen I B. 1950. Reviewed work(s): Henry A. Ward [1834-1906] museum builder to America by Roswell Ward; Blake McKelvey. Isis, 41（1）: 118-119.

Cohen I B. 1950. Reviewed work(s)：The Winthrop family in America by Lawrence Shaw Mayo. Isis, 41（1）：127-128.

Cohen I B. 1950. Reviewed work(s)：The origins of modern science by Herbert Butterfield. Isis, 41（2）：231-233.

Cohen I B. 1951. Reviewed work(s)：Bergwork-und probierbuchlein by Anneliese Grunhaldt; Cyril Stanleg Smith dere metallica by Herbert Clark Hoover. Isis, 42（1）：54-56.

Cohen I B. 1951. Reviewed work(s)：Albert Einstein：Philosopher-scientist by Paul Arthur Schilpp. Isis, 42（1）：76-79.

Cohen I B. 1951. Reviewed work(s)：Ideas and men. The story of western thought by Crane Brinton English political thought in the nineteenth century. Isis, 42（1）：88-89.

Cohen I B. 1951. Reviewed work(s)：Histoire de la mecanique. Preface de Louis de Broglie by Rene Dugas. Isis, 42（3）：271-272.

Cohen I B. 1951. Reviewed work(s)：Sourcebook on atomic energy by Samuel Glasstone. Foundations of nuclear physics by Robert T. Beyer. The atom at work by Jacob Sacks new atoms, progress and some memories by Otto Hahn; W. Gaade . A hundred years of physics by William Wilson. Isis, 42（3）：272-273.

Cohen I B. 1952. Reviewed work (s)：John Ray, a bibliography by Geoffrey Keynes. A bio-bibliography of Edward Jenner, 1749-1823 by W. R. LeFanu. Isis, 43（3）：276-277.

Cohen I B. 1952. Reviewed work(s)：Osiris, Vol. 9 by George Sarton. Isis, 43（3）：289-290.

Cohen I B. 1952. Reviewed work(s)：Memoirs by Benjamin Franklin; Max Farrand autobiography by Benjamin Franklin; Max Farrand. Isis, 43（4）：369-371.

Cohen I B. 1952. Reviewed work(s)：The works of George Berkeley, bishop of Cloyne by A. A. Luce; T. E. Jessop. Isis, 43（4）：373-374.

Cohen I B. 1952. Reviewed work(s)：A century of science, 1851-1951 by Herbert Dingle . A century of technology, 1851-1951 by Percy Dunsheath. Isis, 43（4）：377-378.

Cohen I B. 1953. Reviewed work(s)：*Philosophioe naturalis principia mathematica* by Isaac Newton. A new system of chemical philosophy by John Dalton. Isis, 44（3）：287-288.

Cohen I B. 1953. Reviewed work(s)：Science in western civilization：A syllabus by Henry Guerlac. Isis, 44（3）：293-295.

Cohen I B. 1954. Reviewed work(s)：Sir Hans Sloane and the British Museum by G. R. De Beer. Sir Joseph Banks, the autocrat of the philosophers by Hector Charles Cameron. Isis, 45（2）：215-218.

Cohen I B. 1954. Reviewed Work(s)：Michael Servetus, Humanist and Martyr by John F. Fulton hunted heretic. The life and death of Michael Servetus, 1511-1553 by Roland H. Bainton Michael Servetus by Charles Donald O'Malley. Isis, 45（3）：313-314.

Cohen I B. 1954. Reviewed work(s)：Nobel Prize winners in physics, 1901-1950 by Niels H. de V. Heathcote; Nobel Prize winners in medicine and physiology, 1901-1950 by Lloyd G. Stevenson.

Nobel Prize winners in chemistry, 1901-1950 by Eduard Farber. Isis, 45（4）：407-408.

Cohen I B. 1956. Reviewed work(s)：The principal works of Simon Stevin. Vol. I：General Introduction—Mechanics by Simon Stevin, E. J. Dijksterhuis, C. Dikshoorn. Isis, 47（4）：447-448.

Cohen I B. 1956. Reviewed work(s)：Traite d'optique by Isaac Newton. Isis, 47（4）：448-449.

Cohen I B. 1956. Book reviews：Astronomical cuneiform text, science. Science, 123：66-67 .

Cohen I B. 1957. Book reviews：Franklin and his French contemporaries by Alfred O. Aldridge. The Scientific Monthly, 85（1）：48-49.

Cohen I B. 1957. Reviewed work(s)：The history of the telescope by Henry C. King. Isis, 48（3）：357-358.

Cohen I B. 1958. Reviewed work(s)：Dictionary of American biography by Robert Livingston Schuyler; Edward T. James. Isis, 49（4）：446-447.

Cohen I B. 1958. Reviewed work(s)：The history of photography from the earliest use of the camera obscura in the eleventh century up to 1914 by Helmut Gernsheim; Alison Gernsheim. The world's first photographer by Alison Gernsheim; L. J. M. Daguerre; Helmut Gernsheim. Isis, 49（4）：449-451.

Cohen I B. 1958. Reviewed work(s)：A history of magic and experimental science. Volumes VII and VIII：The seventeenth century by Lynn Thorndike. Isis, 49（4）：453-455.

Cohen I B. 1959. Reviewed work(s)：Collected letters by Antonivan Leeuwenhoek; Committee Of Dutch Scientists. Isis, 50（3）：278-279.

Cohen I B. 1960. Reviewed work(s)：The papers of Benjamin Franklin volume 1 by Benjamin Franklin's Leonard W. Labaree. Isis, 51（2）：241-243.

Cohen I B. 1961. Reviewed work(s)：Hiatoire de science by Maurice Daumas. Isis, 52（1）：106-107.

Cohen I B. 1961. Reviewed work(s)：The correspondence of Isaac Newton. Volume I. 1661-1675 by H. W. Turnbull. Isis, 52（1）：114-115.

Cohen I B. 1962. Reviewed work(s)：Unpublished papers of Isaac Newton by Isaac Newton; A. Rupert Hall; Marie Boas. Hall history of science by A. C. Crombie; M . A. Hoskin. Science, New Series, 138（16）：803-804.

Cohen I B. 1962. Reviewed work(s)：Smithsonian Treasury of science by webster P. True. Isis, 53（4）：513-514.

Cohen I B. 1962. Reviewed work(s)：Rational Fluid Mechanics, 1687-1765 by Clifford Ambrose Truesdell, III. Isis, 53（4）：532-533.

Cohen I B. 1965. Reviewed work(s)：The scientific Renaissance, 1450-1630 by Marie Boas. Isis, 56（2）：240-242.

Cohen I B. 1966. Reviewed work(s)：On motion and on mechanics by Galileo Galilei; I. E. Drabkin; Le Meccaniche; Stillman Drake. Isis, 57（4）：501-504.

Cohen I B. 1968. Book and film reviews：Kepler's somnium：The dream. The Physics Teacher, 6：264.

Cohen I B. 1974. Newton and Kepler. Nature, 250：180.

Cohen I B. 1976. Reviewed work(s)：Marginalia in Newtoni *Principia Mathematica* 1687 by G. W. Leibniz; E. A. Fellmann. Isis, 67（3）：488-489.

Cohen I B. 1976. Reviewed work(s)：The library of James Logan of Philadelphia 1674-1751 by Edwin Wolf. Isis, 67（4）：646-648.

Cohen I B. 1976. Review of publications—Isaac Newton's theory of the moon's motion. Journal of the Royal Astronomical Society of Canada, 70：146.

Cohen I B. 1977. Reviewed work(s)：Selected papers of great american physicists：The bicentennial commemorative volume of the American physical society 1976. Isis, 68（4）：610-615.

Cohen I B. 1980. Reviewed work(s)：Roemer etla vitessede la lumiere：Paris 16 et 17 juin 1976 by centre national de la recherche scientifique. Isis, 71（3）：513-514.

Cohen I B. 1981. Current books. Isis, 72（3）：480-489.

Cohen I B. 1982. Uncovering discovery. Nature, 297（5683）：248.

Cohen I B. 1983. A scientist in American society. Nature, 301（5897）：270.

Cohen I B. 1987. New world of knowledge. Nature, 329：209 –210.

Cohen I B. 1990. Reviewed work(s)：Osiris：A Research Journal Devoted to the History of Science and Its Cultural Influences by Arnold Thackray. Isis, 81（2）：288-289.

Cohen I B. 1990. Reviewed work(s)：Eloge：Dorothy Stimson, 10 October 1890-19 September 1988. Isis, 2（81）：277-278.

Cohen I B. 1992. Reviewed work(s)：The preliminary manuscripts for Isaac Newton's *Principia*, 1684-1685 by Isaac Newton. Isis, 83（1）：135-136.

Cohen I B. 2000. Reviewed work(s)：Edmond Halley：Charting the heavens and the seas by Alan Cook. Isis, 91（4）：780-781.

Cohen I B. 2002. Spectrum of belief：Joseph von Frauenhofer and the craft of precision optics. American Journal of Physics, 2002, 70（5）：559-560.

Hartner W, Cohen I B. 1951. Reviewed work(s)：Goethe. Dichtung, Wissenschaft, Weltbild by Karl Vietor Goethe the poet. Goethe the Thinker by Karl Vietor; Moses Hadas; Bayard Q. Morgan. Isis, 42（2）：156-157.

附录三 他人对科恩著作的评论

[1] Watson E C. Book Review：Some early tools of American science by Cohen I.B. American Journal of Physics, 1950, 18（9）：583.

[2] Clement L. Henshaw. Book Review：General education in science by Cohen I.B. and Fletcher G. Watson. Journal of the Franklin Institute, 1952, 253：147.

[3] Henshaw C L. General education in science. American Journal of Physics, 1953, 21：147.

[4] Boger C B. Introduction to Newton's "*Principia*" . American Journal of Physics, 1972, 40：1712-1713.

[5] W. Allan Gabbey. Reviews：Isaac Newton's philosophiae naturalis mathematica. Historia Mathematica, 1976, 3：237-243.

[6] Ruse M. Transformation and tradition in the sciences. The Quarterly Review of Biology, 1985, 60（4）：484-485.

[7] Rousseau G S. Review：Revolution in science. Journal of Social and Biological Systems, 1986, 9（6）：289-294.

[8] Rousseau G S. Review：Revolution in science. History of European Ideas, 1988, 9：717-720.

[9] Haigh T. Obituary：I. Bernard Cohen［1 March 1914-20 June 2003］. IEEE Annals of the History of Computing, 25（4）：89-92.

[10] Guicciardini N. Book Reviews：Isaac Newton's Natural Philosophy by Jed. I. Buch Wald, Cohen I.B. 2004, 35：665-680.

附录四　国外研究科恩的论著

（1）Everett Mendelsohn 主编的 *Transformation and Tradition in the Sciences: Essays in Honor of I. Bernard Cohen*。

（2）Haigh T. 写的关于科恩的传记 *Obituary: I. Bernard Cohen (1 March 1914 – 20 June 2003)*。

（3）Beth Potier 写的关于科恩的传记 *History of Science Scholar I Bernard Cohen dies at 89: A Harvard Man From Undergraduate to Emeritus*。

附录五 科恩著作的中译本

（1）科恩 . 1989. 牛顿传 . 葛显良译 . 北京：科学出版社 .（这本书包括关于牛顿的编目。）

（2）科恩 . 1992. 科学革命史 . 杨爱华等译，黄顺基等校 . 北京：军事科学出版社 .（遗憾的是，这个译本把约占全书三分之一 篇幅的补充材料和参考文献部分全部略去了。）

（3）科恩 . 1998. 科学中的革命 . 鲁旭东等译 . 北京：商务印书馆 .（弥补了杨爱华等翻译的《科学革命史》的遗憾。）

（4）科恩 . 1999. 牛顿革命 . 颜锋等译 . 南昌：江西教育出版社 .

（5）王文佩将乔治·史密斯（George Smith）和埃弗里特·门德尔松（Everett Mendelsohn）合撰完成的关于科恩辞世的信息及其生平事迹被翻译成中文，并公布于网上，主要回顾了科恩求学历程及作为科学史学家、社会活动家所做的贡献。

附录六　国内研究科恩的主要论文

（1）张立英 . 2005. 论失败的科学革命——兼评科恩的科学革命理论 . 自然辩证法研究，（4）：45-49.

（2）赵豫蒙 . 2004. “科学革命”：知识生态圈的进化现象——对科恩鉴别“科学革命”四个判据的再思考 . 内蒙古大学学报（人文社会科学版），（6）：52-56.

（3）陈玲 . 2006. 科学革命中信仰的改变 . 自然辩证法研究，3（3）：35-37.

（4）魏屹东教授在《爱西斯与科学史》专著中也介绍了科恩的一些基本情况。

（5）清华大学刘兵教授在《中华读书报》2003 年 7 月 30 日发表了《献身科学史的一生——科恩生平及著述》的纪念性文章，回顾了科恩学术生涯及其对科学史所做的贡献。另一些学者通过网络纪念科学史大师科恩。

（6）苏玉娟，魏屹东 . 2009. 继承与超越：科恩的科学史研究特征 . 科学技术与辩证法，26（1）：89-94.

（7）苏玉娟，魏屹东 . 2009. 科恩的科学编史学方法新探 . 自然辩证法通讯，（3）：67-71.

（8）苏玉娟，魏屹东 . 2009. 科恩的语境论科学编史学 . 自然辩证法研究，（6）：100-105.

（9）魏屹东，苏玉娟 . 2009. 科学革命发生的语境解释及其现实意义 . 自然科学史研究，（3）：363-375.

（10）苏玉娟，魏屹东 . 2010. 库恩与科恩科学革命观的比较研究 . 山西大学学报，2（2）：8-13.

（11）苏玉娟，魏屹东 . 2011. 科恩的语境论科学观 . 科学技术哲学，（3）：76-80.

后　记

本书是在博士学位论文基础上写成的。在毕业后的几年里，我补充完善了论文的内容。对于科学史，我一直研究和思考它的编史学方法以及它存在的价值。通过对科学史学家科恩的研究，我深刻体会到科学史本身的重要意义。科学史不仅对于科学、科学哲学、科学社会学和政治学具有重要价值，而且对于促进科学与社会的和谐发展具有实践价值。在探索大师思想的过程中，我的思想也得到了升华。

论文最终得以完成要特别感谢我的恩师魏屹东教授。虽然魏屹东教授工作非常繁忙，但是五年中，我写的每一篇论文都得到魏屹东教授的精心指导。特别是我的毕业论文，从收集资料、选题到定稿整个过程中，都同他仔细讨论过。在与他的讨论中，我的思想不断得以提升，坚定了我完成这部著作的信心和决心。魏屹东教授学识渊博，学风严谨，为人豁达。每当我遇到难题，他总是能另辟蹊径，启发我以一种新的思路进行研究。这部著作无疑倾注了魏屹东教授的深邃思想以及他对我的悉心教诲。师从魏屹东教授不仅获得了学识的长进，更经历了学术的历练，这使我永生受益！

在本书撰写过程中，山西大学科学技术哲学中心的高策教授、殷杰教授、张培富教授、邢润川教授、李树雪副教授等都给我提出了宝贵的意见与建议，在此表示衷心的感谢。同时，我还要感谢山西大学科学技术哲学中心孙立真老师、山西大学图书馆赵冬梅老师在收集资料时为我提供的诸多帮助。感谢郭剑波老师、郑红午老师为我们提供的一切便利。感谢牛芳教授，杨常伟、李辉芳等同学，以及所有帮助过我的朋友们。感谢山西大学科学技术哲学中心为我提供了一个良好的科研环境并对本书的出版给予了大力支持。感谢科学出版社牛玲老师、刘溪老师、张翠霞老师及其他工作人员的辛苦工作。

我还特别感谢我的家人对我的鼎力相助，使我有充分的时间专注于自己的学业。在此，我谨向各位前辈与关心我的人表示最真诚的感谢！感谢帮助过我的每一个人！

苏 玉 娟

2015 年 6 月